中国地质调查成果 CGS 2018-008
西北地区矿产资源潜力评价与综合（1212010881632）项目资助
西北地区矿产资源潜力评价系列丛书
丛书主编 李文渊 王永和

西北地区典型矿床地质地球化学特征图集

XIBEI DIQU DIANXING KUANGCHUANG DIZHI DIQIU HUAXUE TEZHENG TUJI

张 晶 周 军 樊会民 刘养雄 任智斌 孟广路 等编著

中国地质大学出版社
ZHONGGUO DIZHI DAXUE CHUBANSHE

内容提要

"西北地区矿产资源潜力评价化探资料应用研究"课题是"西北地区矿产资源潜力评价与综合"项目的研究课题之一,西北地区典型矿床地质地球化学特征图集是该课题的主要成果之一。图集中涵盖了陕西省、甘肃省、宁夏回族自治区、青海省和新疆维吾尔自治区的主要典型矿床,矿床种类主要为金矿床、银矿床、铜(钴、钼、镍、锌)矿床、铅锌(银)矿床、锑矿床、锡(铅锌、铁)矿床、钨矿床、钼矿床、铬矿床9个大类。图集中归纳总结了各矿床的地质特征和地球化学特征,主要包括矿床名称、行政隶属(到县级)、经纬度、大地构造位置、所属成矿区带和成矿系列、矿床类型、赋矿地层(建造)、矿区岩浆岩、主要控矿构造、成矿时代、矿体形态产状、矿石工业类型、矿石矿物、围岩蚀变、矿床规模、剥蚀程度,以及地球化学异常特征参数(面积、最大值、平均值、异常下限、标准差、富集系数、变异系数、成矿有利程度、异常分散特征和成矿率)等信息,每个典型矿床均附有区域地球化学异常剖析图。

图书在版编目(CIP)数据

西北地区典型矿床地质地球化学特征图集/张晶等编著. —武汉:中国地质大学出版社,2018.12
(西北地区矿产资源潜力评价系列丛书)
ISBN 978-7-5625-4445-6

Ⅰ. ①西…
Ⅱ. ①张…
Ⅲ. ①矿床-地球化学标志-图集
Ⅳ. ①P59-64

中国版本图书馆CIP数据核字(2018)第269312号

| 西北地区典型矿床地质地球化学特征图集 | 张 晶 周 军 樊会民 刘养雄 任智斌 孟广路 | 等编著 |

| 责任编辑:周 豪 马 严 | 选题策划:毕克成 刘桂涛 | 责任校对:徐蕾蕾 |

出版发行:中国地质大学出版社(武汉市洪山区鲁磨路388号)　　　　　　邮编:430074
电　　话:(027)67883511　　　传　　真:(027)67883580　　E-mail:cbb@cug.edu.cn
经　　销:全国新华书店　　　　　　　　　　　　　　　　　　http://cugp.cug.edu.cn

开本:880毫米×1 230毫米　1/16　　　　　　　　　　字数:333千字　　印张:10.5
版次:2018年12月第1版　　　　　　　　　　　　　　　印次:2018年12月第1次印刷
印刷:武汉市籍缘印刷厂　　　　　　　　　　　　　　　印数:1—500册
ISBN 978-7-5625-4445-6　　　　　　　　　　　　　　　　　　　　定价:198.00元

如有印装质量问题请与印刷厂联系调换

《西北地区典型矿床地质地球化学特征图集》
编委会

科学顾问：谢学锦

主　　任：奚小环

副 主 任：李宝强　张　华　李　敏

编　　委（按姓氏笔画排序）：

　　　　王会锋　刘元平　许　光　李明喜　庄道泽

　　　　李绪善　李新虎　杨万志　蔡分良

编著人员：张　晶　周　军　樊会民　刘养雄　任智斌　孟广路

　　　　李慧英　刘明义　吴　亮　李　惠

目 录

图集概述	(1)
1. 金 矿	(5)
表1.1 陕西省太白县双王金矿主要地质、地球化学特征	(5)
图1.1 陕西省太白县双王金矿1∶25万区域地球化学剖析图	(6)
表1.2 陕西省周至县马鞍桥金矿主要地质、地球化学特征	(7)
图1.2 陕西省周至县马鞍桥金矿1∶20万综合异常剖析图	(8)
表1.3 陕西省略阳县东沟坝金(银)矿床主要地质、地球化学特征	(9)
图1.3 陕西省略阳县东沟坝金(银)矿床1∶20万综合异常剖析图	(10)
表1.4 陕西省潼关县桐峪金矿Q8脉矿床主要地质、地球化学特征	(11)
图1.4 陕西省潼关县桐峪金矿1∶20万地球化学异常剖析图	(12)
表1.5 陕西省凤县八卦庙金矿床主要地质、地球化学特征	(13)
图1.5 陕西省凤县八卦庙金矿床1∶20万综合异常剖析图	(14)
表1.6 甘肃省坪定金矿主要地质、地球化学特征	(15)
图1.6 甘肃省坪定金矿区域地球化学异常剖析图	(16)
表1.7 甘肃省李坝金矿主要地质、地球化学特征	(17)
图1.7 甘肃省李坝金矿区域地球化学异常剖析图	(18)
表1.8 甘肃省大水金矿主要地质、地球化学特征	(19)
图1.8 甘肃省大水金矿区域地球化学异常剖析图	(20)
表1.9 青海省滩间山金龙沟金矿主要地质、地球化学特征	(21)
图1.9 青海省滩间山金龙沟金矿区域地球化学异常剖析图	(22)
表1.10 青海省大场金矿主要地质、地球化学特征	(23)
图1.10 青海省大场金矿区域地球化学异常剖析图	(24)
图1.11 青海省大场金矿1∶5万地球化学异常剖析图	(26)
表1.11 新疆维吾尔自治区鄯善县康古尔金矿主要地质、地球化学特征	(27)
图1.12 新疆维吾尔自治区鄯善县康古尔金矿区域化探异常剖析图	(28)
表1.12 新疆维吾尔自治区鄯善县石英滩金矿主要地质、地球化学特征	(29)
图1.13 新疆维吾尔自治区鄯善县石英滩金矿区域化探异常剖析图	(30)
表1.13 新疆维吾尔自治区伊宁县阿希金矿主要地质、地球化学特征	(31)
图1.14 新疆维吾尔自治区伊宁县阿希金矿区域化探异常剖析图	(32)
表1.14 新疆维吾尔自治区乌恰县萨瓦亚尔顿金矿主要地质、地球化学特征	(33)

图 1.15　新疆维吾尔自治区乌恰县萨瓦亚尔顿金矿区域化探异常剖析图 …………………………… (34)
表 1.15　宁夏回族自治区金场子金铜银矿主要地质、地球化学特征 …………………………… (35)
图 1.16　宁夏回族自治区金场子金铜银矿区域地球化学异常剖析图 …………………………… (36)
表 1.16　宁夏回族自治区牛头沟金铜矿主要地质、地球化学特征 ……………………………… (37)
图 1.17　宁夏回族自治区牛头沟金铜矿区域地球化学异常剖析图 ……………………………… (38)
表 1.17　宁夏回族自治区西华山金铜银矿主要地质、地球化学特征 …………………………… (39)
图 1.18　宁夏回族自治区西华山金铜银矿区域地球化学异常剖析图 …………………………… (40)

2. 银　矿 ……………………………………………………………………………………………… (41)

表 2.1　陕西省白河县大兴银（金）矿床主要地质、地球化学特征 ……………………………… (41)
图 2.1　陕西省白河县大兴银（金）矿床区域地球化学异常剖析图 ……………………………… (42)
表 2.2　陕西省柞水县银硐子银多金属矿床主要地质、地球化学特征 …………………………… (43)
图 2.2　陕西省柞水县银硐子银多金属矿床区域地球化学异常剖析图 …………………………… (44)
表 2.3　甘肃省柳稍沟银矿主要地质、地球化学特征 ……………………………………………… (45)
图 2.3　甘肃省柳稍沟银矿区域地球化学异常剖析图 ……………………………………………… (46)
表 2.4　新疆维吾尔自治区鄯善县维权银多金属矿主要地质、地球化学特征 …………………… (47)
图 2.4　新疆维吾尔自治区鄯善县维权银矿区域化探异常剖析图 ………………………………… (48)

3. 铜　矿 ……………………………………………………………………………………………… (49)

表 3.1　陕西省眉县铜峪铜矿床主要地质、地球化学特征 ………………………………………… (49)
图 3.1　陕西省眉县铜峪铜矿床1∶25万区域地球化学异常剖析图 ………………………………… (50)
表 3.2　陕西省山阳县小河口铜矿床主要地质、地球化学特征 …………………………………… (51)
图 3.2　陕西省山阳县小河口铜矿区域地球化学异常剖析图 ……………………………………… (52)
图 3.3　陕西省山阳县小河口铜矿1∶5万地球化学异常剖析图 …………………………………… (53)
表 3.3　陕西省略阳县铜厂铜矿床主要地质、地球化学特征 ……………………………………… (54)
图 3.4　陕西省略阳县铜厂铜矿区域地球化学异常剖析图 ………………………………………… (55)
表 3.4　甘肃省白银厂铜矿主要地质、地球化学特征 ……………………………………………… (56)
图 3.5　甘肃省白银厂铜矿区域地球化学异常剖析图 ……………………………………………… (57)
图 3.6　甘肃省白银厂铜矿原生晕异常剖析图 ……………………………………………………… (58)
表 3.5　青海省兴海县铜峪沟海相火山岩型铜矿主要地质、地球化学特征 ……………………… (59)
图 3.7　青海铜峪沟铜矿区域地球化学异常剖析图 ………………………………………………… (60)
图 3.8　青海铜峪沟铜矿1∶5万地球化学异常剖析图 ……………………………………………… (62)
表 3.6　青海省纳日贡玛斑岩型铜矿主要地质、地球化学特征 …………………………………… (63)
图 3.9　青海省纳日贡玛铜钼矿区域地球化学异常剖析图 ………………………………………… (64)
图 3.10　青海省纳日贡玛铜钼矿1∶5万地球化学异常剖析图 …………………………………… (66)
表 3.7　青海省卡尔却卡矽卡岩型铜（钼）矿主要地质、地球化学特征 ………………………… (67)
图 3.11　青海省卡尔却卡铜（钼）矿区域地球化学异常剖析图 ………………………………… (68)
表 3.8　新疆维吾尔自治区哈密市土屋-延东铜矿主要地质、地球化学特征 …………………… (69)
图 3.12　新疆维吾尔自治区哈密市土屋-延东铜矿区域地球化学异常剖析图 ………………… (70)
表 3.9　新疆维吾尔自治区青河县哈腊苏铜矿主要地质、地球化学特征 ………………………… (71)

图 3.13	新疆维吾尔自治区青河县哈腊苏铜矿区域地球化学异常剖析图	(72)
表 3.10	新疆维吾尔自治区托里县包古图铜矿主要地质、地球化学特征	(73)
图 3.14	新疆维吾尔自治区托里县包古图铜矿区域地球化学异常剖析图	(74)
表 3.11	新疆维吾尔自治区温泉县喇嘛苏铜矿主要地质、地球化学特征	(75)
图 3.15	新疆维吾尔自治区博乐市喇嘛苏铜矿区域化探异常剖析图	(76)
表 3.12	新疆维吾尔自治区哈巴河县阿舍勒铜矿主要地质、地球化学特征	(77)
图 3.16	新疆维吾尔自治区哈巴河县阿舍勒铜锌矿区域化探异常剖析图	(78)
表 3.13	新疆维吾尔自治区哈密市黄山铜镍矿主要地质、地球化学特征	(79)
图 3.17	新疆维吾尔自治区哈密市黄山东铜镍矿区域化探异常剖析图	(80)
表 3.14	甘肃省金昌金川铜镍矿主要地质、地球化学特征	(81)
图 3.18	甘肃省金川铜镍矿区域地球化学异常剖析图	(82)
图 3.19	金川铜镍矿床地球化学异常模式图	(83)
表 3.15	青海省德尔尼海相火山岩型铜(钴)矿床主要地质、地球化学特征	(84)
图 3.20	青海省德尔尼铜(钴)矿区域地球化学异常剖析图	(85)
表 3.16	新疆维吾尔自治区吐鲁番市小热泉子铜锌矿主要地质、地球化学特征	(86)
图 3.21	新疆维吾尔自治区吐鲁番市小热泉子铜锌矿区域化探异常剖析图	(87)
表 3.17	宁夏回族自治区土窑铜矿主要地质、地球化学特征	(88)
图 3.22	宁夏回族自治区土窑铜矿区域地球化学异常剖析图	(89)
表 3.18	宁夏回族自治区香山腰岘子铜银矿主要地质、地球化学特征	(90)
图 3.23	宁夏回族自治区腰岘子铜银矿狼嘴子铜矿点区域地球化学异常剖析图	(91)

4. 铅锌矿 (92)

表 4.1	陕西省南郑县马元楠木树铅锌矿床主要地质、地球化学特征	(92)
图 4.1	陕西省南郑县马元楠木树铅锌矿区域地球化学异常特征剖析图	(92)
图 4.2	陕西省南郑县马元楠木树铅锌矿1∶5万化探异常剖析图	(94)
表 4.2	陕西省凤县铅硐山铅锌矿床主要地质、地球化学特征	(95)
图 4.3	陕西省凤县铅硐山铅锌矿区域地球化学异常剖析图	(96)
表 4.3	陕西省商州市龙庙南沟铅锌矿床主要地质、地球化学特征	(97)
图 4.4	陕西省商州市龙庙南沟铅锌矿床区域地球化学异常剖析图	(98)
表 4.4	甘肃省代家庄铅锌矿主要地质、地球化学特征	(99)
图 4.5	甘肃省代家庄铅锌矿区域地球化学异常剖析图	(100)
表 4.5	甘肃省厂坝铅锌矿主要地质、地球化学特征	(101)
图 4.6	甘肃省厂坝铅锌矿区域地球化学异常剖析图	(102)
表 4.6	青海省大柴旦镇锡铁山海相火山岩型铅锌矿主要地质、地球化学特征	(103)
图 4.7	青海省锡铁山铅锌矿区域地球化学异常剖析图	(104)
表 4.7	青海省东莫扎抓铅锌矿主要地质、地球化学特征	(105)
图 4.8	青海省东莫扎抓铅锌矿区域地球化学异常剖析图	(106)
表 4.8	青海省什多龙矽卡岩型铅锌(银)矿主要地质、地球化学特征	(107)
图 4.9	青海省什多龙铅锌(银)矿区域地球化学异常剖析图	(108)
表 4.9	新疆维吾尔自治区鄯善县彩霞山铅锌矿主要地质、地球化学特征	(109)

图 4.10　新疆维吾尔自治区鄯善县彩霞山铅锌矿区域地球化学异常剖析图 ……………………… (110)
表 4.10　新疆维吾尔自治区富蕴县可可塔勒铅锌矿主要地质、地球化学特征 ………………… (111)
图 4.11　新疆维吾尔自治区富蕴县可可塔勒铅锌矿区域地球化学异常剖析图 ……………… (112)
表 4.11　新疆维吾尔自治区乌恰县乌拉根铅锌矿主要地质、地球化学特征 …………………… (113)
图 4.12　新疆维吾尔自治区乌恰县乌拉根铅锌矿区域地球化学异常剖析图 ………………… (114)
表 4.12　新疆维吾尔自治区若羌县维宝铅锌矿主要地质、地球化学特征 ……………………… (115)
图 4.13　新疆维吾尔自治区若羌县维宝铅锌矿区域地球化学异常剖析图 …………………… (116)

5. 锑　矿 …………………………………………………………………………………………… (117)

表 5.1　陕西省丹凤县蔡凹锑矿床主要地质、地球化学特征 …………………………………… (117)
图 5.1　陕西省丹凤县蔡凹锑矿区域地球化学异常剖析图 ……………………………………… (118)
表 5.2　甘肃省崖湾锑矿主要地质、地球化学特征 ……………………………………………… (119)
图 5.2　甘肃省崖湾锑矿区域地球化学异常剖析图 ……………………………………………… (120)
表 5.3　新疆维吾尔自治区民丰县黄羊岭锑矿主要地质、地球化学特征 ……………………… (121)
图 5.3　新疆维吾尔自治区民丰县黄羊岭锑矿区域地球化学异常剖析图 ……………………… (122)

6. 锡　矿 …………………………………………………………………………………………… (123)

表 6.1　青海省都兰县小卧龙矽卡岩型锡(铁)矿主要地质、地球化学特征 …………………… (123)
图 6.1　青海省小卧龙锡(铁)矿区域地球化学异常剖析图 …………………………………… (124)
表 6.2　青海省日龙沟海相火山-沉积型锡铅锌矿主要地质、地球化学特征 ………………… (125)
图 6.2　青海省日龙沟锡铅锌矿区域地球化学异常剖析图 …………………………………… (126)
图 6.3　青海省日龙沟锡铅锌矿1∶5万地球化学异常剖析图 ………………………………… (128)

7. 钨　矿 …………………………………………………………………………………………… (129)

表 7.1　新疆维吾尔自治区托克逊县忠宝钨矿主要地质、地球化学特征 ……………………… (129)
图 7.1　新疆维吾尔自治区托克逊县忠宝钨矿区域地球化学异常剖析图 ……………………… (130)
表 7.2　新疆维吾尔自治区若羌县白干湖钨锡矿主要地质、地球化学特征 ……………………… (131)
图 7.2　新疆维吾尔自治区若羌县白干湖钨锡矿区域地球化学异常剖析图 …………………… (132)
表 7.3　甘肃省小柳沟钨钼多金属矿主要地质、地球化学特征 ………………………………… (133)
图 7.3　甘肃省小柳沟钨钼多金属矿区域地球化学异常剖析图 ………………………………… (134)

8. 钼　矿 …………………………………………………………………………………………… (135)

表 8.1　陕西省华县金堆城钼矿床主要地质、地球化学特征 …………………………………… (135)
图 8.1　陕西省华县金堆城钼矿区域地球化学异常剖析图 ……………………………………… (136)
图 8.2　陕西省华县金堆城钼矿1∶5万化探异常剖析图(示意图) …………………………… (137)
图 8.3　陕西省华县金堆城钼矿矿床1∶1万异常剖析图(示意图) …………………………… (138)
表 8.2　陕西省华县黄龙铺大石沟钼矿床主要地质、地球化学特征 …………………………… (139)
图 8.4　陕西省华县黄龙铺大石沟钼矿床区域地球化学异常剖析图 …………………………… (140)
图 8.5　陕西省华县黄龙铺大石沟钼矿床1∶5万化探异常剖析图(示意图) ………………… (141)
图 8.6　陕西省华县黄龙铺大石沟钼矿床1∶1万异常剖析图(示意图) ……………………… (142)

表 8.3　甘肃省温泉钼矿主要地质、地球化学特征 ……………………………………… (143)

图 8.7　甘肃省温泉钼矿区域地球化学异常剖析图 ………………………………………… (144)

表 8.4　新疆维吾尔自治区哈密市白山钼矿主要地质、地球化学特征 ………………… (145)

图 8.8　新疆维吾尔自治区哈密市白山钼矿区域地球化学异常剖析图 ………………… (146)

9. 钒、铬、铁矿等 ………………………………………………………………………… (147)

表 9.1　新疆维吾尔自治区阿图什市普昌钒钛磁铁矿主要地质、地球化学特征 ……… (147)

图 9.1　新疆维吾尔自治区阿图什市普昌钒钛磁铁矿区域地球化学异常剖析图 ……… (148)

表 9.2　甘肃省大道尔吉铬铁矿主要地质、地球化学特征 ……………………………… (149)

图 9.2　甘肃省大道尔吉铬铁矿区域地球化学异常剖析图 ……………………………… (150)

表 9.3　新疆维吾尔自治区塔什库尔干县赞坎铁矿主要地质、地球化学特征 ………… (151)

图 9.3　新疆维吾尔自治区塔什库尔干县赞坎铁矿区域地球化学异常剖析图 ………… (152)

参考文献 ………………………………………………………………………………………… (153)

图 集 概 述

一、典型矿床概况

本图集选取西北地区的66个典型矿床,其中17个典型金(银)矿床、4个银(金)矿床、18个典型铜(钴/钼/镍/锌)矿床、12个铅锌(银)矿床、3个锑矿床、2个锡(铅锌/铁)矿床、2个钨(锡)矿床、5个钼矿床、1个铬矿床、2个铁矿床。

总结归纳了各矿床的地质特征和地球化学特征。地质特征主要包括矿床名称、行政隶属(到县级)、经纬度、大地构造位置、所属成矿区带和成矿系列、矿床类型、赋矿地层(建造)、矿区岩浆岩、主要控矿构造、成矿时代、矿体形态产状、矿石工业类型、矿石矿物、围岩蚀变、矿床规模、剥蚀程度;地球化学特征主要包括与成矿相关元素异常的面积、最大值、平均值、异常下限、标准差、富集系数、变异系数、成矿有利度、异常分散特征和成矿率等信息,并编制了区域地球化学异常剖析图。

二、地球化学参数计算方法

1. 数据来源

编图区化探数据有两种空间分布类型:规则网格分布和非规则网格分布。规则网格数据主要来源于1:20万组合样数据,非规则网数据主要来源于1:20万单点样分析数据,为了编图的统一性,采用指数加权法进行数据网格化。在引用本书计算的成矿率时,应注意所使用数据的比例尺,用于其他地区的类比时,也应当使用区域地球化学数据。

2. 富集系数(q)

富集系数=异常均值/背景值

3. 变异系数(C_v)

变异系数=标准差/异常平均值

4. 成矿有利度(P_{fd})

在本书中将异常平均值与异常下限的比值定义为衬度,将衬度与均方差的乘积定义为成矿有利度P_{fd}(Prospecting Favorable Degrees)。

$$P_{fd} = \frac{\overline{X}}{A_t} \times S_{ev}$$

式中,$\overline{X}$为异常平均值,A_t为异常下限,S_{ev}为标准离差。$\overline{X}$与A_t的比值反映的是异常的富集程度,S_{ev}均方差反映的是元素分异程度,成矿有利度P_{fd}能够同时反映元素的富集程度和分异程度,可理解为单位面积的异常的强弱。

5. 致矿物质量（Q_m）

单位面积的成矿有利度与面积的乘积即为单元素异常找矿潜力评价的综合参数，定义为致矿物质量 Q_m（Quality of Mineral）：

$$Q_m = \frac{\overline{X}}{A_t} \times S \times S_{ev}$$

式中，S 为面积（km^2）。其余参数含义同前。

在区域地球化学调查规范中，将异常强度与异常面积的乘积定义为异常规模，所以致矿物质量概念实际上是异常规模与标准离差的乘积，异常规模反映的是异常物质量的多少，标准离差反映的是物质分异程度，也即地质作用对物质分配的强弱程度，异常规模与标准离差组成了致矿物质量的地球化学意义。

6. 成矿率（V）及异常潜在资源量（E_t）

借鉴《矿产预测方法指南》（叶天竺，2003）中推荐的地球化学块体资源量预测的方法原理，对本区有成矿地球化学条件的异常进行资源潜力预测。

参考指南中成矿率的定义办法，此处将可供应金属量替换为致矿物质量 Q_m，重新定义了成矿率及异常潜在资源量：

$$\text{成矿率}（V）：V = \frac{R}{Q_{m\text{已知}}}，\text{异常潜在资源量}（E_t）：E_t = Q_{m\text{异常}} \times V$$

式中，R 为典型矿床或矿集区所在异常中同类矿床的已知总储量，$Q_{m\text{已知}}$ 为典型矿床所在异常的致矿物质量，R 与 $Q_{m\text{已知}}$ 的比值定义为成矿率，E_t 为拟进行预测的异常潜在资源量，$Q_{m\text{异常}}$ 为拟进行预测异常的致矿物质量。由此可以利用类比的方法计算出同一地球化学分区中异常的潜在资源量。

三、地球化学剖析图编制方法

数据网格方法：采用 $4km \times 4km$ 的网格间距、$16km$ 搜索半径，对数据网格化处理，处理采用指数距离倒数加权的方法。各元素含量单位：Au、Ag、Hg、Cd 元素为"$\times 10^{-9}$"，Al_2O_3 等 7 个氧化物为"%"，其余元素均为"$\times 10^{-6}$"。

地球化学编图采用了累计频率含量分级方法，数据共分为 19 级，按 0.5%、1.2%、2%、3%、4.5%、8%、15%、25%、40%、60%、75%、85%、92%、95.5%、97%、98%、98.8%、99.5%、100% 相对应的含量勾绘等值线。异常图的编制选取了累积频率 85%、95.5%、98% 和 100%，将异常分为内、中、外带。

四、西北地区成矿区（带）划分

西北地区三级成矿带划分如"西北地区三级成矿区（带）划分图"所示，具体包括：Ⅲ-1 北阿尔泰（山弧带）稀有金属、铅、锌、金、铜、镍、多金属、钼、白云母、宝石成矿带，Ⅲ-2 南阿尔泰（裂陷盆地）铜、铅、锌、铁、金、稀有金属、铀、白云母、宝石成矿带，Ⅲ-3 北准噶尔（沟弧带）铜、镍、钼、金、铁、稀土、煤、膨润土、萤石成矿带，Ⅲ-4 唐巴勒-卡拉麦里（复合沟弧带）铬、铜、钼、金、铁、锰、锡、钨、汞、铀、铍、硫铁矿、石墨、石棉、水晶、明矾石、煤、石油、天然气、油页岩、膨润土、硫铁矿成矿带，Ⅲ-5 准噶尔盆地（中央地块）石油、天然气、煤、金、铜、铁、铅、锌、铀、盐类、膨润土成矿区，Ⅲ-6 准噶尔南缘（复合岛弧带）铜、钼、金、钨、铁、铬、锰、稀有金属、铂、高岭土、硫铁矿、膨润土、重晶石、透闪石玉、滑石、硼、叶蜡石、沸石、石墨、红柱石、泥炭、盐类成矿带，Ⅲ-7 吐哈盆地（地块）石油、天然气、煤、铀、铁、耐火黏土、钠硝石、盐类、膨润土成矿带，Ⅲ-8 觉罗塔格-黑鹰山铜、镍、铁、金、银、钼、钨、石膏、硅灰石、膨润土、煤成矿带，Ⅲ-9 伊犁微板块北东缘(复合岛弧带)金、银、铀、钼、铅、锌、铁、钨、锡、磷、石墨、沸石、珍珠岩、水晶、宝石、煤成矿带，Ⅲ-10伊犁(中央地块及裂谷带)铁、锰、铜、铅、锌、金、钨、铀、煤、油气、硫铁矿、白云岩、石英岩成矿带，Ⅲ-11伊犁南缘-中天山-旱山铁、铜、镍、金、锰、铅、锌、云母成矿带，Ⅲ-12塔里木板块北缘(复合沟弧带)铁、钛、锰、铜、镍、钼、铅、锌、锡、金、锑、稀有金属、稀土、白云母、菱镁矿、铝土矿、石墨、硅灰石、红柱石、白云母、石油、天然气、煤、硫铁矿、盐类、玉石、蛇纹岩、泥炭成矿带，Ⅲ-13塔里木陆块北缘隆起(地块)铜、镍、金、稀有金属、稀土、铀、锡、锶、汞、蛭石、磷、石墨、煤、盐类、重晶石、宝石成矿带，Ⅲ-14金窝子-公婆泉-东七一山铜、金、钨、锡、铷成矿带，Ⅲ-15敦煌(地块)铁、铜、镍、金、银、钨、锑、铅、锌、砷、锰、钒、铀、磷、芒硝成矿区，Ⅲ-16塔里木盆地(中央地块)石油、天然气、煤、铀、铅、锌、铁、钒、钛、盐类(钾盐)、砂金成矿区，Ⅲ-17铁克里克(陆缘地块)铁、金、铅、锌、水晶、煤、石膏、自然硫、重晶石成矿带，Ⅲ-19阿尔金(陆缘地块)铁、铅、锌、铜、金、银、镍、钒、钛、铬、稀有金属、稀土、石棉、玉石、白云母、白云岩、石英岩、盐类成矿带，Ⅲ-20河西走廊铁、锰、萤石、盐类、凹凸棒石、石油成矿带，Ⅲ-21北祁连铜、铅、锌、铁、铬、金、银、硫铁矿、石棉成矿带，Ⅲ-22中祁连金、硫、重晶石、磷成矿带，Ⅲ-23南祁连金、镍、稀土、煤、磷成矿带，Ⅲ-24柴达木北缘铅、锌、锰、铬、金、白云母成矿带，Ⅲ-25柴达木盆地(地块)锂、硼、钾、钠、镁、盐类、石膏、石油、天然气成矿区，Ⅲ-26东昆仑(造山带)铁、铅、锌、铜、钴、金、钨、锡、钒、钛、盐类矿带，Ⅲ-27-①西昆仑北部(地块及裂谷带)铁、铜、铅、锌、钼、硫铁矿、水晶、白云母、玉石、石棉成矿带，Ⅲ-29喀拉米兰(阿尼玛卿；复合沟弧带)铜、锌、金、银、铂、石棉、石墨、煤、蛇纹岩、盐类成矿带(Ⅵ,Ⅰ-Y)，Ⅲ-28西秦岭铅、锌、铜(铁)、金、汞、锑成矿带，Ⅲ-66东秦岭金、银、钼、铜、铅、锌、锑、非金属成矿带，Ⅲ-27-②西昆仑南部(陆缘盆地)铁、铜、金、铅、锌、稀有金属、锡、锑、白云母、宝玉石、石墨、硫铁矿、自然硫成矿带，Ⅲ-30北巴颜喀拉-马尔康金、镍、铂、铁、锰、铅、锌、锂、铍、白云母成矿带，Ⅲ-31南巴颜喀拉-雅江锂、铍、金、铜、锌、水晶成矿带，Ⅲ-32义敦-香格里拉(造山带、弧盆系)金、银、铅、锌、铜、锡、汞、锑、钨、铍成矿带，Ⅲ-33金沙江(缝合带)铁、铜、铅、锌成矿带，Ⅲ-35喀喇昆仑-羌北(弧后/前陆盆地)铁、金、石膏成矿带，Ⅲ-36昌都-普洱(地块/造山带)铜、铅、锌、银、金、铁、汞、锑、石膏、菱镁矿、盐类成矿带，Ⅲ-49白乃庙-锡林浩特铁、铜、钼、铅、锌、铬(金、锰)、锗、煤、天然碱、芒硝成矿带，Ⅲ-59鄂尔多斯西缘(陆缘坳褶带)铁、铅、锌、磷、石膏、芒硝成矿带，Ⅲ-60鄂尔多斯(盆地)铀、油气、煤、盐类成矿区，Ⅲ-61山西(断隆)铁、铝土矿、石膏、煤、煤层气成矿带，Ⅲ-63华北陆块南缘铁、铜、金、铅、锌、铝土矿、硫铁矿、萤石、煤成矿带，Ⅲ-73龙门山-大巴山(台缘坳陷)铁、铜、铅、锌、锰、钒、磷、硫、重晶石、铝土矿成矿带，Ⅲ-74四川盆地铁、铜、金、石油、天然气、石膏、钙芒硝、石盐、煤、煤层气成矿区。

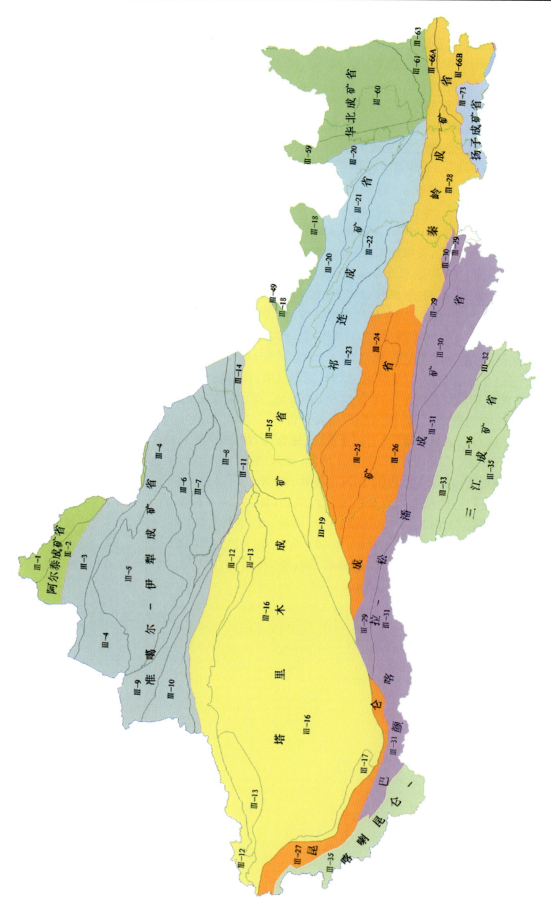

西北地区三级成矿区（带）划分图

1. 金 矿

表 1.1　陕西省太白县双王金矿主要地质、地球化学特征

序号	分类	分项名称	分项描述							
1	基本信息	矿床名称	太白县双王金矿							
2		行政隶属	陕西省太白县双王镇							
3		经度	107°12′03″							
4		纬度	33°50′20″							
5	地质特征	大地构造位置	IV$_D^3$ 南秦岭弧盆系-凤县-镇安陆缘斜坡带							
6		成矿区(带)	III-28 西秦岭铅、锌、铜(铁)、金、汞、锑成矿带							
7		成矿系列	南秦岭北部印支—燕山期与碱性碳酸岩有关的金矿床成矿系列							
8		矿床类型	破碎-蚀变岩型							
9		赋矿地层(建造)	古道岭组(D_2g)下段,岩性为粉砂质绢云板岩夹变质粉砂岩,为一套类复理石沉积建造							
10		矿区岩浆岩	印支期石英二长闪长岩和二长花岗岩							
11		主要控矿构造	北西西向构造角砾岩断裂带							
12		成矿时代	燕山期							
13		矿体形态产状	透镜状							
14		矿石工业类型	石英脉型和蚀变碎裂岩型金矿石							
15		矿石矿物	金属矿物主要为黄铁矿、黄铜矿,其次为辉银矿、黝铜矿、砷黝铜矿、辉钼矿及自然金;脉石矿物主要为钠长石、含铁白云石、绢云母、方解石和少量石英、微量电气石							
16		围岩蚀变	钠长石化、含铁白云石化、黄铁矿化、大理岩化							
17		矿床规模	大型,28.288t							
18		剥蚀程度	浅剥蚀							
19	所属区域地球化学异常特征	成矿元素组合	主成矿元素:Au;伴生元素:Sb、As、Ag、Pb 等							
20		地球化学景观	湿润—半湿润秦巴中低山丘陵区							
21		元素	面积(km^2)	最大值	平均值	异常下限	标准差	富集系数	变异系数	成矿有利度	分带特征
22		Au	188	89.17	14.28	2.43	20.86	9.99	1.46	122.6	内、中、外带
23		Sb	156	8.90	2.10	1.49	1.53	2.02	0.73	2.16	内、中、外带
24		As	164	30.83	17.42	12	7.16	2.07	0.41	10.4	内、中、外带
	其他	成矿率(V)	Au:0.12%							

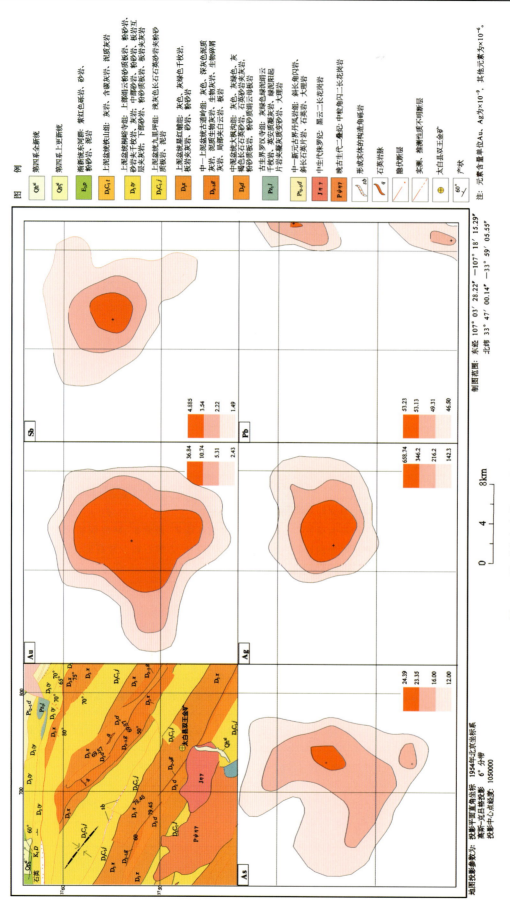

图 1.1 陕西省太白县双王金矿 1:25 万区域地球化学剖析图

表 1.2 陕西省周至县马鞍桥金矿主要地质、地球化学特征

序号	分类	分项名称	分项描述								
1	基本信息	矿床名称	周至县马鞍桥金矿								
2		行政隶属	陕西省周至县马鞍桥								
3		经度	108°00′55″								
4		纬度	33°51′03″								
5	地质特征	大地构造位置	$Ⅳ_9^3$ 南秦岭弧盆系-刘岭前陆盆地								
6		成矿区(带)	Ⅲ-66 东秦岭金、银、钼、铜、铅、锌、锑、非金属成矿带								
7		成矿系列	商-丹板块对接带海西—印支期与变质热液有关的金矿床成矿系列								
8		矿床类型	构造蚀变岩型								
9		赋矿地层(建造)	王家河组(Pz_1wj)第二岩性段,具复理岩特征的细浊积岩建造								
10		矿区岩浆岩	出露晚加里东期—燕山期基性—中酸性侵入岩,以海西期—印支期岩浆活动最为重要								
11		主要控矿构造	韧—脆性剪切带								
12		成矿时代	晚海西—印支期								
13		矿体形态产状	似层状、透镜状								
14		矿石工业类型	黄铁矿型、黄铁矿-磁黄铁矿型、磁黄铁矿型								
15		矿石矿物	金属矿物以黄铁矿、磁黄铁矿、自然金为主,少量毒砂、黄铜矿、闪锌矿、方铅矿、辉锑矿等;脉石矿物有石英、绢云母、黑云母、长石、方解石和铁碳酸盐矿物等								
16		围岩蚀变	主要蚀变有硅化、黄铁矿化、黑云母化,次为碳酸盐化、绢云母化、绿泥石化等								
17		矿床规模	中型,储量6.044t								
18		剥蚀程度	浅剥蚀								
19	所属区域地球化学异常特征	成矿元素组合	主成矿元素:Au;伴生元素为 As、Sb、Pb、Ag、Sn、Bi、Hg 等								
20		地球化学景观	湿润—半湿润秦巴中低山丘陵区								
21		元素	面积(km²)	最大值	平均值	异常下限	标准差	富集系数	变异系数	成矿有利度	分带特征
22		Au	528	245.9	10.7	2.43	22.8	7.48	2.1	100.40	内、中、外带
23		As	220	31.7	13.2	12	6.4	1.57	0.5	7.04	中、外带
24		Sb	356	4.4	1.4	1.49	0.6	1.35	0.4	0.56	中、外带
25		Pb	44	55.4	52.1	46.5	1.9	1.34	0.036	2.13	中、外带
26		Ag1	36	300	200	142.3	40	1.69	0.2	56.22	内、中、外带
27		Ag2	28	500	200	142.3	140	1.68	0.7	196.77	中、外带
	其他	成矿率(V)	Au:0.011%								

· 8 ·　西北地区典型矿床地质地球化学特征图集

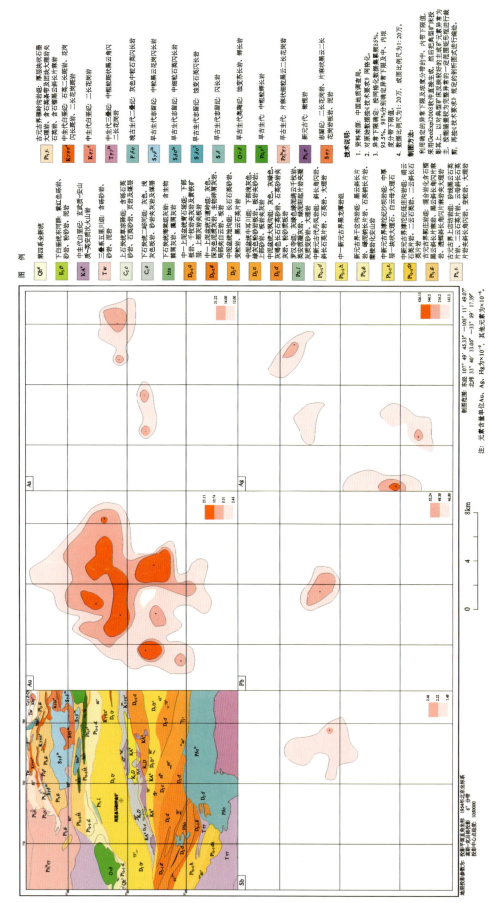

图 1.2　陕西省周至县马鞍桥金矿 1:20 万综合异常剖析图

表 1.3 陕西省略阳县东沟坝金(银)矿床主要地质、地球化学特征

序号	分类	分项名称	分项描述								
1	基本信息	矿床名称	略阳县东沟坝金(银)矿床								
2		行政隶属	陕西省略阳县东沟								
3		经度	108°53′58″								
4		纬度	33°32′30″								
5	地质特征	大地构造位置	$Ⅶ_1^1$ 摩天岭古陆块-碧口-陈家坝洋岛弧盆地								
6		成矿区(带)	Ⅲ-66 东秦岭金、银、钼、铜、铅、锌、锑、非金属成矿带								
7		成矿系列	摩天岭中新元古代与海相中基性—中酸性火山岩有关的金银铅锌矿成矿系列								
8		矿床类型	与海相火山岩关系相关的改造型金、银、铅、锌多金属矿床								
9		赋矿地层(建造)	中新元古代碧口群第四亚群($Pt_{2+3}bk^4$),为海相火山岩-细碧角斑岩系建造								
10		矿区岩浆岩	花岗片麻岩、黑云斜长片麻岩、细粒花岗岩闪长岩等								
11		主要控矿构造	控矿构造以褶皱滑脱面为主,其次为断裂构造								
12		成矿时代	晋宁期								
13		矿体形态产状	矿体呈似层状、透镜状,具有分枝复合、尖灭倾斜、平行斜列特征								
14		矿石工业类型	石英脉型金矿石								
15		矿石矿物	金属矿物有黄铁矿、闪锌矿、方铅矿、黄铜矿、银金矿、自然金、自然银、辉银矿、黝铜矿、重晶石等;脉石矿物有石英、绢云母、黑云母、长石、方解石								
16		围岩蚀变	硅化、黄铁矿、化绢云母化、重晶石化、碳酸盐化、绿泥石化								
17		矿床规模	中型,8.261t								
18		剥蚀程度	浅剥蚀								
19	所属区域地球化学异常特征	成矿元素组合	主要成矿元素:Au;伴生元素:Sb、Hg、As、Cu、Zn、Ag、W、Mo 等								
20		地球化学景观	湿润—半湿润秦巴中低山丘陵区								
21		元素	面积(km²)	最大值	平均值	异常下限	标准差	富集系数	变异系数	成矿有利度	分带特征
22		Au	208	43.33	7.44	2.43	8.82	5.20	1.19	27.00	内、中、外带
23		Ag	32	530	230	142.3	160	1.94	0.7	258.61	内、中、外带
24		As	156	51.67	21.13	12	12.68	2.51	0.60	22.33	内、中、外带
25		Cu(左)	24	137.50	57.38	37	39.09	1.99	0.68	60.62	内、中、外带
26		Cu(右)	20	95.83	59.56	37	33.70	2.07	0.57	54.25	内、中、外带
27		Hg	80	0.46	0.11	80	0.09	2.34	0.76	0.00	内、中、外带
28		Zn	100	346.00	160.85	130	71.06	1.55	0.44	87.92	内、中、外带
其他		成矿率(V)	Au:0.15%								

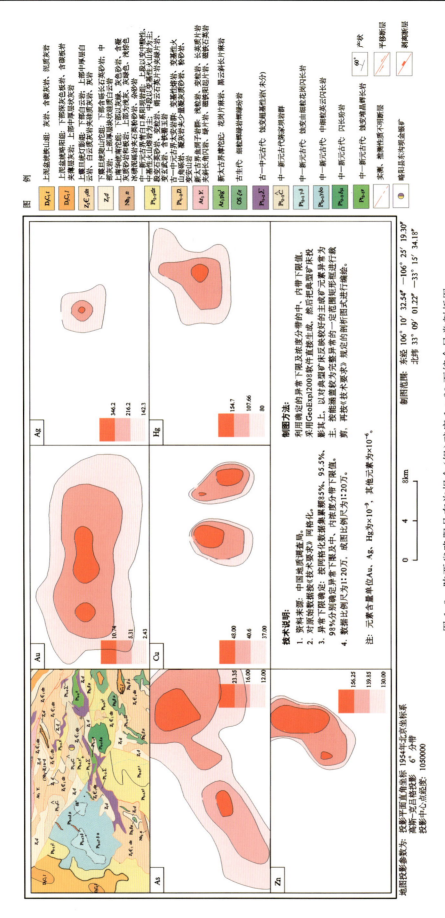

图 1.3 陕西省略阳县东沟坝金（银）矿床 1∶20 万综合异常剖析图

表1.4 陕西省潼关县桐峪金矿Q8脉矿床主要地质、地球化学特征

序号	分类	分项名称	分项描述								
1	基本信息	矿床名称	潼关县桐峪金矿床								
2		行政隶属	陕西省潼关县								
3		经度	110°21′10″								
4		纬度	34°26′00″								
5	地质特征	大地构造位置	太华古陆块($Ⅱ_4^3$)-华山古陆核($Ⅲ_4^{3-1}$)								
6		成矿区(带)	Ⅲ-63华北陆块南缘铁、铜、金、铅、锌、铜、铝土矿、硫铁矿、萤石、煤成矿带								
7		成矿系列	小秦岭潼关地区燕山期与构造-岩浆活动有关的金多金属矿床成矿系列								
8		矿床类型	花岗-绿岩建造型								
9		赋矿地层(建造)	太华群大月坪组上段($Arthd^2$)和板石山组下段($Arthb^1$)								
10		矿区岩浆岩	主要有辉绿岩、辉绿玢岩、碱性正长斑岩、花岗伟晶岩脉,以及云斜煌岩、云煌岩、石英脉等								
11		主要控矿构造	主要受断裂构造控制								
12		成矿时代	燕山期								
13		矿体形态产状	石英脉型,具分枝复合、膨胀狭缩现象								
14		矿石工业类型	石英脉型金矿石								
15		矿石矿物	金属矿物以黄铁矿为主,方铅矿、黄铜矿、磁铁矿、闪锌矿、辉锑矿,辉铋矿及自然金等次之;脉石矿物以石英为主,绢云母、菱铁矿、白云石、绿泥石等次之								
16		围岩蚀变	主要有绢云母化、碳酸盐化、绿泥石化、黄铁矿化及硅化								
17		矿床规模	中型,储量11.964t								
18		剥蚀程度	浅剥蚀								
19	所属区域地球化学异常特征	成矿元素组合	主成矿元素:Au;伴生元素:Sb、Hg、As、Cu、Zn、Ag、W、Mo、Bi等								
20		地球化学景观	湿润—半湿润秦巴中低山丘陵区								
21		元素	面积(km²)	最大值	平均值	异常下限	标准差	富集系数	变异系数	成矿有利度	分带特征
22		Au	44	525.83	63.87	2.43	103.22	44.67	2.48	2 713.03	内、中、外带
23		Pb	20	341.60	143.91	46.5	114.04	3.71	0.79	352.94	内、中、外带
24		Zn	40	163.80	139.58	130	11.81	1.34	0.08	12.68	中、外带
24		Ag	20	0.29	0.15	142.3	0.08	0.00	0.53	0.00	外带
25		W	16	1.93	1.68	3.4	0.39	0.71	0.23	0.19	中、外带
其他		成矿率(V)	Au:0.010%								

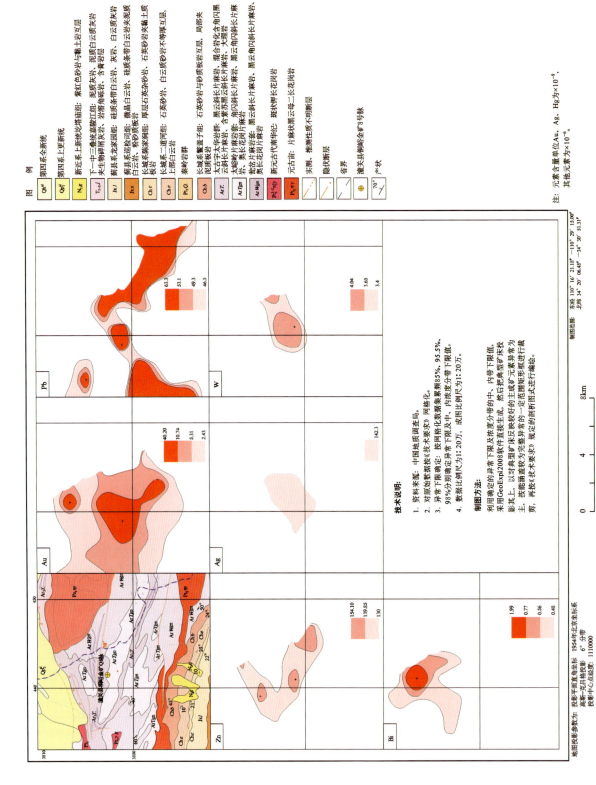

图1.4 陕西省潼关县桐峪金矿1:20万地球化学异常剖析图

表 1.5 陕西省凤县八卦庙金矿床主要地质、地球化学特征

序号	分类	分项名称	分项描述							
1	基本信息	矿床名称	凤县八卦庙金矿							
2		行政隶属	陕西省凤县八卦庙							
3		经度	108°00′55″							
4		纬度	33°55′48″							
5	地质特征	大地构造位置	IV_9^3 南秦岭弧盆系-凤县-镇安陆缘斜坡带							
6		成矿区(带)	III-66 东秦岭金、银、钼、铜、铅、锌、锑、非金属成矿带							
7		成矿系列	商-丹板块对接带海西期—印支期与变质热液有关的金矿床成矿系列							
8		矿床类型	微细浸染型							
9		赋矿地层(建造)	晚泥盆世星红铺组上岩性层($D_3x_1^2$),为细碎屑岩-碳酸盐岩沉积建造							
10		矿区岩浆岩	岩浆岩仅在南部见狮子岭花岗闪长岩($\gamma\delta_5^{1-a}$)和华阳花岗岩体(γ_5^{1-b})							
11		主要控矿构造	脆性、脆—韧性剪切带及复式向斜共同控制							
12		成矿时代	印支期							
13		矿体形态产状	矿体呈层状、似层状、扁豆状、楔状或无根沟状							
14		矿石工业类型	蚀变碎屑岩型金矿石							
15		矿石矿物	金属矿物是磁黄铁矿和黄铁矿,另有少量黄铜矿、闪锌矿、方铅矿、磁铁矿等							
16		围岩蚀变	硅化、铁白云石化、绢云母化、绿泥石化、钠长石化、磁黄铁矿-铁矿化,此外还有少量的黑云母化和电气石化							
17		矿床规模	大型,储量 34.364t							
18		剥蚀程度	浅剥蚀							
19	所属区域地球化学异常特征	成矿元素组合	主成矿元素:Au;伴生元素:Zn、Ag、Pb、Hg、Zn							
20		地球化学景观	湿润—半湿润秦巴中低山丘陵区							
21		元素	面积(km²)	最大值	平均值	异常下限	标准差	富集系数	变异系数	成矿有利度	分带特征
22		Au	64	21.63	6.13	2.43	6.69	4.29	1.09	16.88	内、中、外带
23		Ag	44	0.36	0.18	142.3	0.08	0.00	0.44	0.00	外带
24		Pb	72	321.00	73.14	46.5	65.34	1.89	0.89	102.77	内、中、外带
25		Hg	48	0.44	0.12	80	0.10	2.55	0.84	0.00	内、中、外带
26		Zn	44	573.00	184.83	130	145.86	1.78	0.79	207.38	内、中、外带
其他		成矿率(V)	Au:0.404%							

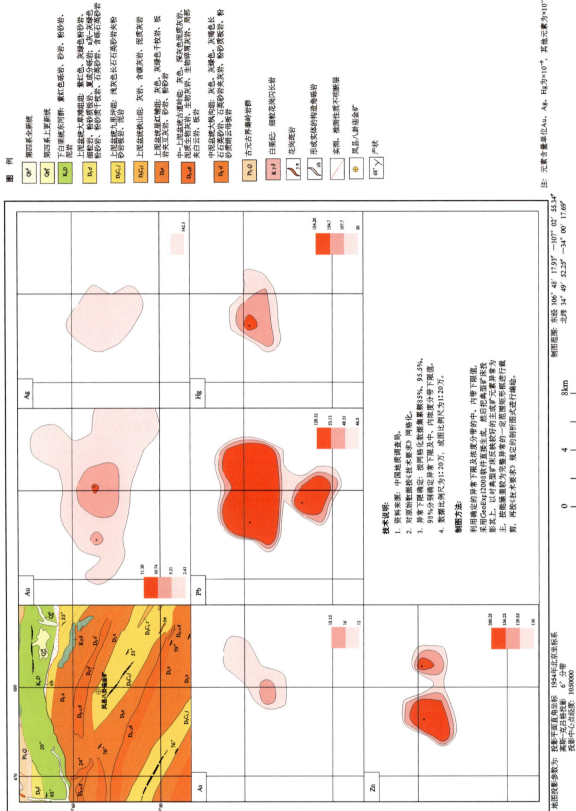

图 1.5 陕西省凤县八卦庙金矿床 1:20 万综合异常剖析图

表1.6 甘肃省坪定金矿主要地质、地球化学特征

序号	分类	分项名称	分项描述							
1	基本信息	矿床名称	甘肃省坪定金矿							
2		行政隶属	甘肃省舟曲县							
3		经度	104°17′06″							
4		纬度	33°50′00″							
5	地质特征	大地构造位置	秦祁昆造山系,秦岭弧盆系,西倾山-南秦岭陆缘裂谷带							
6		成矿区(带)	Ⅲ-28 西秦岭铅、锌、铜(铁)、金、汞、锑成矿带							
7		成矿系列	西秦岭古生代与海相(火山)沉积作用及含矿热液作用有关的铁、硫、钒、钼、金(砷、汞、铀)、硒(铂)矿床成矿系列							
8		矿床类型	微细浸染型							
9		赋矿地层(建造)	矿区范围内地层为中泥盆统下吾那组(D_2x)浅海滨海相碳酸盐岩和细碎屑岩沉积建造							
10		矿区岩浆岩	本区的岩浆活动不强烈,仅有中酸性岩脉贯入中泥盆统下吾那组地层的断裂及裂隙中							
11		主要控矿构造	矿区内构造以褶曲及各种性质、规模不同的断裂、节理、裂隙为主。次级挤压破碎带及构造裂隙构成区内重要的控矿构造							
12		成矿时代	铅同位素模式年龄值377~234Ma,属印支末期							
13		矿体形态产状	①西矿段坪定矿段:走向40°~85°,倾向SSE,倾角45°~60°;②东矿段雄黄坡矿段:走向285°~320°,倾向NE、SW,倾角30°~80°							
14		矿石工业类型	矿石的工业类型有氧化矿石、混合矿石和原生矿石。坪定金砷矿石基本为原生矿石,按组分划为微细粒难选含高砷金矿石							
15		矿石矿物	矿床的矿石矿物主要有黄铁矿、雌黄和雄黄以及毒砂等,种类在16种以上							
16		围岩蚀变	普遍具强烈硅化、雄雌黄矿化、黏土化(高岭石、地开石)							
17		矿床规模	5.251t							
18		剥蚀程度	中—浅剥蚀							
19	所属区域地球化学异常特征	成矿元素组合	成矿元素:Au;伴生元素:Hg、As、Sb、Ag							
20		地球化学景观	甘南半湿润—湿润中高山区							
21		元素	面积(km²)	最大值	平均值	异常下限	标准差	富集系数	变异系数	成矿有利度	分带特征
22		Au	490.44	229.6	14.37	6.6	22.38	5.84	1.56	48.73	内、中、外带
23		Hg	232.08	4 490	813.87	265.1	1 040.59	12.76	1.28	3 194.66	内、中、外带
24		Sb	395.57	26.8	11	4.9	7.12	7.11	0.65	15.98	内、中、外带
25		Cu	359.08	156	58.77	41.5	22.51	2.28	0.38	31.88	内、中、外带
26		W	286.05	20	3.17	2.3	2.37	1.63	0.75	3.27	内、中、外带
27		Mo	483.21	35.5	7.15	3.5	5.73	7.98	0.80	11.71	内、中、外带
28		Ag	392.35	810	329.25	193.1	152.77	3.86	0.46	260.48	内、中、外带
29		As	101.11	717	81.07	39.6	133.14	5.78	1.64	272.57	内、中、外带
30		Zn	201.66	399	163.64	117.1	70.54	2.15	0.43	98.58	内、中、外带
	其他	成矿率(V)	Au:0.022%							

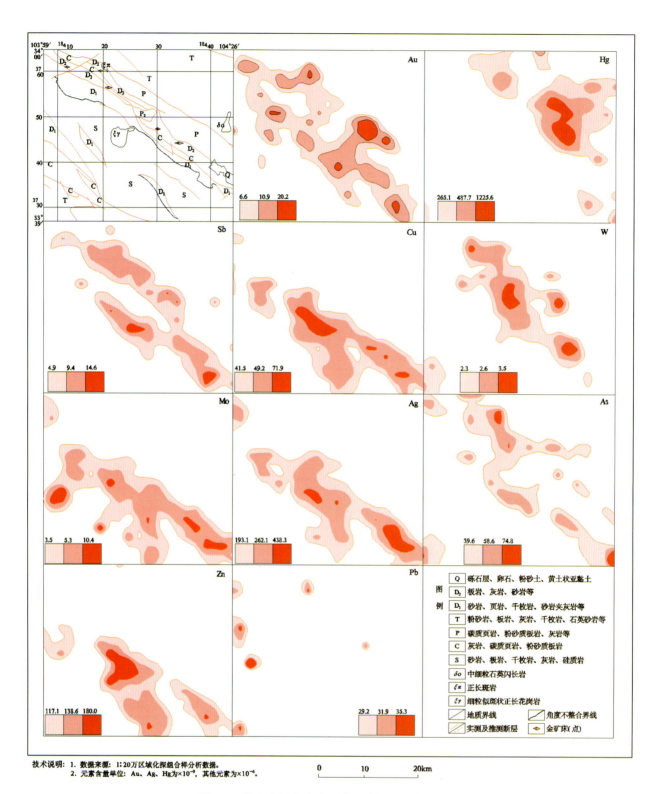

图1.6 甘肃省坪定金矿区域地球化学异常剖析图

表1.7 甘肃省李坝金矿主要地质、地球化学特征

序号	分类	分项名称	分项描述							
1	基本信息	矿床名称	甘肃省李坝金矿							
2		行政隶属	甘肃省礼县							
3		经度	105°04′27″							
4		纬度	34°21′22″							
5	地质特征	大地构造位置	秦祁昆造山系,秦岭弧盆系,中秦岭陆缘盆地							
6		成矿区(带)	Ⅲ-28西秦岭铅、锌、铜(铁)、金、汞、锑成矿带							
7		成矿系列	西秦岭晚古生代—中生代(P、T)与印支期—燕山期中酸性岩浆侵入作用有关的铜(砷)、金(锑)、银、钨、锡多金属矿床成矿系列							
8		矿床类型	岩浆热液型							
9		赋矿地层(建造)	矿区出露主要地层为中泥盆统舒家坝群何家店组第二岩段(D_2h^2),以浅变质细碎屑岩-泥岩建造为特点,是主要赋矿层位							
10		矿区岩浆岩	矿区岩脉发育,与金矿化有密切的空间关系,构成重要的找矿标志。主要有闪斜煌斑岩脉、闪长玢岩脉、斜长细晶岩脉和花岗闪长岩脉,且以前两种居多							
11		主要控矿构造	区内控矿断裂构造十分发育,目前已发现20余条规模不等的断裂破碎带,走向北西向							
12		成矿时代	主成矿期为燕山早期(173.4~171.6Ma)							
13		矿体形态产状	主要为似板状、脉状、透镜状,常成群成带集中产出,矿体与控矿断裂的产状基本一致,走向285°~300°,倾向多南西,局部向北倾斜,倾角75°左右							
14		矿石工业类型	主要为碎裂构造蚀变岩型金矿石,次为碎裂石英脉型;按硫化物的多少又可分为块状、碎裂状少硫化物浸染型和角砾状硫化物浸染型两类							
15		矿石矿物	矿石矿物组成较简单,金属矿物占5%~10%,主要为黄铁矿,次为毒砂,少量黄铜矿、闪锌矿、方铅矿等;脉石矿物主要为石英、绢云母,少量长石、绿泥石、碳酸盐岩等							
16		围岩蚀变	主要有黄铁矿化、绢云母化、硅化、碳酸盐化、电气石化、钠长石化等							
17		矿床规模	6.491t							
18		剥蚀程度	中—浅剥蚀							
19	所属区域地球化学异常特征	成矿元素组合	成矿元素:Au;伴生元素:Sb、Ag、As							
20		地球化学景观	陇南半湿润—湿润中低山区							
21		元素	面积(km²)	最大值	平均值	异常下限	标准差	富集系数	变异系数	成矿有利度	分带特征
22		Au	117.51	45	14.40	6.61	11.43	5.85	0.79	24.90	内、中、外带
23		Sb	80.84	5.4	2.23	1.6	0.92	1.44	0.41	1.28	中、外带
24		Ag	125.14	452	205.73	143	93.95	2.41	0.46	135.16	内、中、外带
25		As	122.95	84.6	39.51	28.5	17.26	2.82	0.44	23.93	内、中、外带
	其他	成矿率(V)	Au:0.22%							

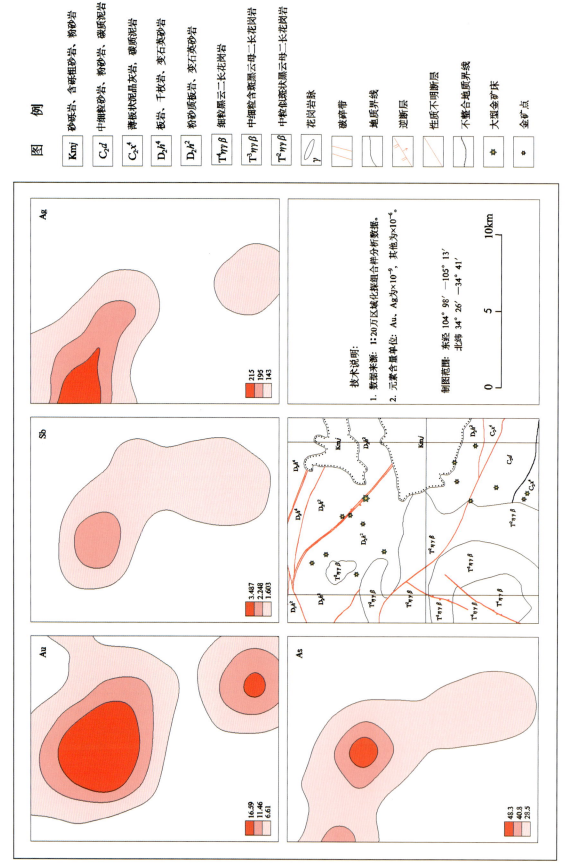

图 1.7 甘肃省李坝金矿区域地球化学异常剖析图

表 1.8 甘肃省大水金矿主要地质、地球化学特征

序号	分类	分项名称	分项描述							
1	基本信息	矿床名称	甘肃省大水金矿							
2		行政隶属	甘肃省玛曲县							
3		经度	102°14′00″							
4		纬度	34°02′06″							
5	地质特征	大地构造位置	秦祁昆造山系,秦岭弧盆系,西倾山-南秦岭陆缘裂谷带							
6		成矿区(带)	Ⅲ-28 西秦岭铅、锌、铜(铁)、金、汞、锑成矿带							
7		成矿系列	西秦岭中生代(三叠纪)与海相沉积作用及燕山期岩浆-热液作用有关的金、汞、砷、锑、银、铅、锌矿床成矿系列							
8		矿床类型	破碎蚀变岩型							
9		赋矿地层(建造)	三叠系马热松多组(Tm)的白云质灰岩挤压断裂破碎带及古岩溶构造							
10		矿区岩浆岩	主要为花岗闪长斑岩岩株及岩脉侵入,脉岩类型有闪长玢岩、黑云母花岗闪长斑岩和细晶闪长岩等							
11		主要控矿构造	北西向主断裂构造配套的次级压性断裂(北西西向—东西向次级断裂)及其裂隙系统(北西向、北北东—南北向断裂和岩溶构造),对矿体起到了定位作用,控制着矿区内矿体的分布							
12		成矿时代	大水金矿格尔括合岩体 Rb-Sr 同位素年龄为 190.69~174.3Ma,主成矿期成矿时间初步确定为燕山早中期							
13		矿体形态产状	矿体形态复杂,呈不规则枝杈状、似层状、透镜状、囊状、筒状和脉状等							
14		矿石工业类型	矿石的工业类型为氧化矿石、混合矿石和原生矿石							
15		矿石矿物	金属矿物以赤铁矿、自然金、褐铁矿为主,含微量的黄铁矿、辰砂、雄雌黄、辉锑矿、磁铁矿等							
16		围岩蚀变	主要有方解石化、赤(褐)铁矿化、硅化、绿泥石化、绢云母化、碳酸盐化、黄钾铁钒化等。其中与金矿关系密切的有硅化、赤铁矿化、方解石化							
17		矿床规模	41.651 8t							
18		剥蚀程度	中—浅剥蚀							
19	所属区域地球化学异常特征	成矿元素组合	成矿元素:Au;伴生元素:Ag、Hg、As、Sb、Pb、Zn							
20		地球化学景观	甘南半湿润—湿润高寒山区							
21		元素	面积(km²)	最大值	平均值	异常下限	标准差	富集系数	变异系数	成矿有利度	分带特征
22		Au	99.09	16.4	2.7	1.5	3.32	1.10	1.23	5.98	内、中、外带
23		Ag	153.54	196	102.54	86.2	22.66	1.20	0.22	26.96	内、中、外带
24		Hg	58.34	294	123.73	100	52.88	1.94	0.43	65.43	中、外带
25		Zn	26.17	175	103.83	84.4	36.72	1.36	0.35	45.17	内、中、外带
26		As	129.88	43	23.31	18.9	5.98	1.66	0.26	7.38	中、外带
27		Pb	7.4	26	25	23.5	1	1.06	0.04	1.06	中、外带
28		Sb	18.81	2.2	1.89	1.5	0.33	1.22	0.17	0.42	外带
其他		成矿率(V)	Au:7.03%							

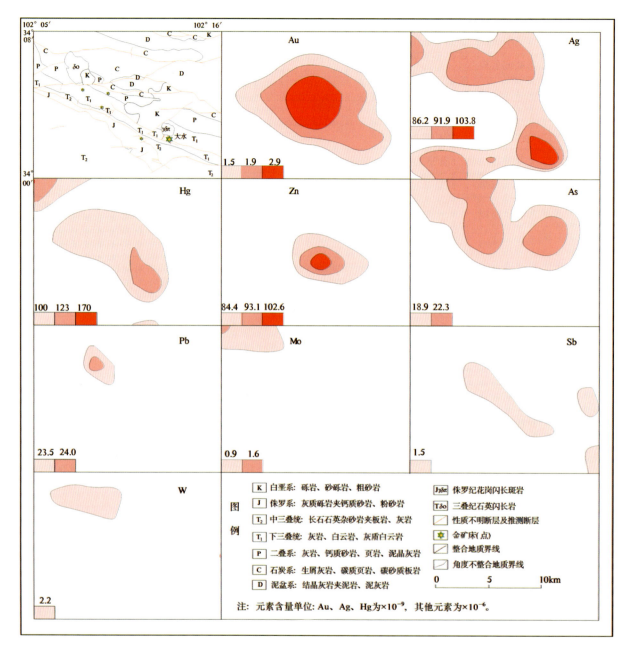

图 1.8 甘肃省大水金矿区域地球化学异常剖析图

表1.9 青海省滩间山金龙沟金矿主要地质、地球化学特征

序号	分类	分项名称	分项描述							
1	基本信息	矿床名称	滩涧山金龙沟金矿床							
2		行政隶属	青海省大柴旦							
3		经度	94°37′12″							
4		纬度	38°13′12″							
5	地质特征	大地构造位置	秦祁昆造山系,柴北缘结合带,滩间山火山弧							
6		成矿区(带)	Ⅲ-66 东秦岭金、银、钼、铜、铅、锌、锑、非金属成矿带							
7		成矿系列	与构造-岩浆作用有关的矿床成矿系列							
8		矿床类型	构造破碎蚀变岩型金矿							
9		赋矿地层(建造)	中元古代蓟县纪含碳硅质泥灰岩-碳酸盐岩建造							
10		矿区岩浆岩	花岗闪长斑岩、斜长细晶岩为主,次为闪长玢岩,此外有石英脉、碳酸岩脉等							
11		主要控矿构造	褶皱、断裂							
12		成矿时代	蓟县纪初步沉积含金岩系;加里东早期岩浆热液叠加富集(D)							
13		矿体形态产状	矿体形态呈似层状、脉状及透镜状产出。矿体产状:规模较大矿体一般呈北东向展布,规模较小者呈北西向展布							
14		矿石工业类型	矿石工业类型有氧化矿石、原生矿石和混合矿石							
15		矿石矿物	贵金属矿物为含银自然金、自然金、金银矿及硫锑铜银矿,一般金属矿物为黄铁矿、毒砂、黄铜矿、闪锌矿等;主要脉石矿物为石英、绢云母,少量碳质、方解石							
16		围岩蚀变	千枚岩型金矿体中与金有关的围岩蚀变为黄铁矿化、硅化;侵入岩型(细晶岩、闪长玢岩)金矿体中与金密切的蚀变主要为黄铁矿化							
17		矿床规模	金:大型,41.069t(平均品位:6.52×10^{-6})							
18		剥蚀程度	中—浅剥蚀							
19	所属区域地球化学异常特征	成矿元素组合	成矿元素:Au;伴生元素:Cu、Mo、Ti、As、Sb、Cd、Co、Cr、V							
20		地球化学景观	沙漠-戈壁-风蚀残丘荒漠亚区							
21		元素	面积(km^2)	最大值	平均值	异常下限	标准差	富集系数	变异系数	成矿有利度	分带特征
22		Cu	352	60.95	45.38	32	15.08	2.3	0.33	21.39	内、中、外带
23		Mo	256	6.33	1.86	0.9	2.01	2.42	1.08	4.15	内、中、外带
24		Ti	304	6 406.62	4 861.42	3 527	1 599.34	1.69	0.33	2 204.44	内、中、外带
25		As	208	56.68	24.47	16	20.54	2.08	0.84	31.41	内、中、外带
26		Sb	208	1.83	1.06	0.8	0.57	1.43	0.54	0.76	中、外带
27		Au	128	6.33	3.62	2	7.79	2.57	2.15	14.10	内、中、外带
28		Cd	176	0.32	0.23	0.17	0.1	1.35	0.43	0.14	中、外带
29		Co	288	24.31	19.33	16	4.91	2.06	0.25	5.93	中、外带
30		Cr	224	187.33	135.51	92	132.16	2.86	0.98	194.66	内、中、外带
31		V	256	165.43	141.03	101	32.66	2.25	0.23	45.60	中、外带
其他		成矿率(V)	Au:2.28%							

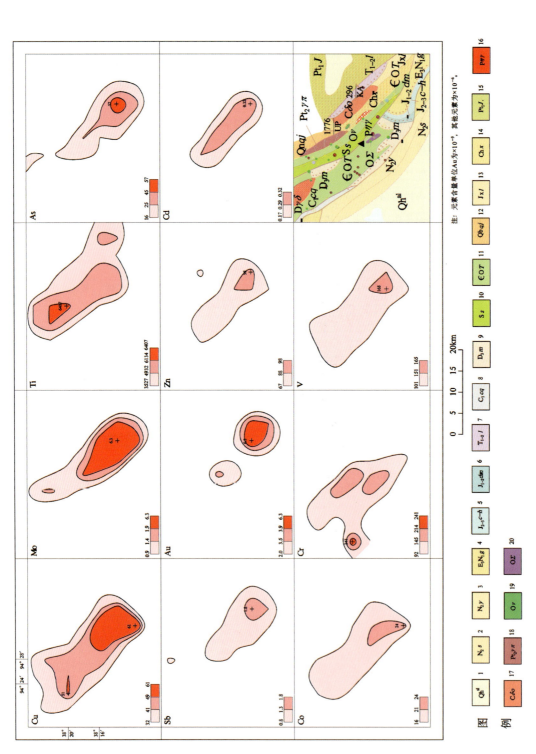

图 1.9 青海省滩间山金龙沟矿区域地球化学异常剖析图

1. 第四纪冲积物；2. 新近系上新统狮子沟组：碎屑岩夹泥质粉砂岩；3. 新近系上新统油沙山组：碎屑岩，含油砂岩，含油砂岩夹泥岩，泥灰岩；4. 古近系渐新统干柴沟组：含油砂岩，砾岩，泥灰岩，页岩；5. 侏罗系采石岭-红水沟组：碎屑岩夹粉砂岩；6. 侏罗系大煤沟组碎屑岩，煤层夹菱铁矿层；7. 三叠系隆务河组：碎屑岩夹灰岩，局部火山岩；8. 石炭系城墙沟组：灰岩夹砂岩；9. 泥盆系牦牛山组：上部中基性-中酸性火山岩，下部碎屑岩；10. 志留系赛什腾组：变酸性火山岩，砂岩，千枚岩夹中性-中基性火山岩；11. 寒武系滩涧山群：中基性火山岩，结晶灰岩，砂岩；12. 青白口系丘吉东沟组：绿泥钠长片岩，白云岩，板岩，变质砂岩夹硅质岩；13. 蓟县系狼牙山组：白云岩夹砂岩，板岩；14. 长城系小庙组：石英片岩，大理岩夹粒岩，变粒岩；15. 古元古界金水口岩群：片麻岩，片麻岩，变粒岩，斜长角闪岩；16. 二叠纪二长花岗岩；17. 石炭纪石英斑花岗岩；18. 中元古代环斑花岗岩；19. 奥陶纪基性岩；20. 奥陶纪超基性岩

表1.10 青海省大场金矿主要地质、地球化学特征

序号	分类	分项名称	分项描述							
1	基本信息	矿床名称	大场金矿床							
2		行政隶属	青海省曲麻莱县							
3		经度	96°15′36″							
4		纬度	35°17′24″							
5	地质特征	大地构造位置	华南板块西北边缘区,西藏-三江造山系的巴颜喀拉地块之可可西里-松潘前陆盆地							
6		成矿区(带)	Ⅲ-30 北巴颜喀拉-马尔康金、镍、铂、铁、锰、铅、锌、锂、铍、白云母成矿带(S,T_1,I,Q)							
7		成矿系列	与沉积作用有关的矿床成矿系列							
8		矿床类型	构造破碎蚀变岩型金矿							
9		赋矿地层(建造)	中三叠世(浊积岩)砂板岩互层建造、(浊积岩)砂岩-页岩建造							
10		矿区岩浆岩	无							
11		主要控矿构造	褶皱、断裂							
12		成矿时代	印支晚期—燕山早期							
13		矿体形态产状	矿体形态为多薄层状或似板状、层状、似层状,沿走向具分枝复合、膨大缩小现象。矿体产状:走向 280°～310°,倾向 335°～40°,180°～220°,倾角 40°～86°,矿体在走向上连续性较好							
14		矿石工业类型	金矿石							
15		矿石矿物	矿石金属矿物为自然金、黄铁矿、毒砂、辉锑矿、黄铜矿、方铅矿、闪锌矿、褐铁矿、孔雀石、雄黄、雌黄等							
16		围岩蚀变	蚀变矿物组合主要为:黄铁绢英岩化、硅化、绢云母化、碳酸岩化、高岭土化等							
17		矿床规模	金:大型,106.92t(平均品位 $6.03×10^{-6}$)							
18		剥蚀程度	中—浅剥蚀							
19	所属区域地球化学异常特征	成矿元素组合	成矿元素:Au;伴生元素:Sb、As、Cu、Pb							
20		地球化学景观	中深切割高寒山地半湿润草甸亚区							
21		元素	面积(km²)	最大值	平均值	异常下限	标准差	富集系数	变异系数	成矿有利度	分带特征
22		Au	304	13.89	4.72	2.4	4.74	3.3	1	9.32	内、中、外带
23		Sb	256	5.91	3.2	1.9	1.97	3.17	0.62	3.32	内、中、外带
24		As	160	87.05	47.43	27	22.09	3.07	0.47	38.80	内、中、外带
25		Cu	208	42.88	35.54	28	6.16	1.77	0.17	7.82	内、中、外带
26		Pb	128	27.98	23.69	20	4.6	1.31	0.19	5.45	中、外带
其他		成矿率(V)	Au:3.77%							

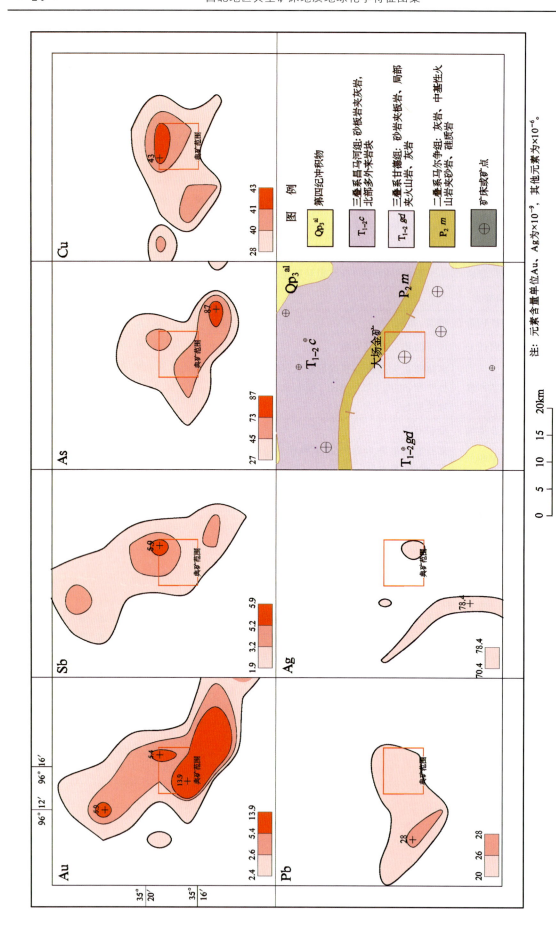

图 1.10 青海省大场金矿区域地球化学异常剖析图

附表 青海省大场金矿1∶5万地球化学特征

序号	元素	面积(km²)	最大值	平均值	标准差	富集系数	变异系数	成矿有利度	异常分带特征
1	W	0.85	11.38	7.43	6.66	5.05	0.9	4.53	中、外带
2	Ag	0.61	342.61	214.46	314.16	3.57	1.46	5.24	中、外带
3	Au	440.27	272.88	8.99	31.49	6.29	3.5	22.02	内、中、外带
4	As	338.42	6 128.54	62.95	38.26	4.08	0.61	2.48	内、中、外带
5	Cu	0.72	80.51	63.94	34.2	3.18	0.53	1.7	外带
6	Zn	0.53	138.07	115.63	16.58	2.27	0.14	0.33	外带
7	Sb	266.68	289.74	8.29	5.43	8.21	0.66	5.38	内、中、外带
	成矿元素组合				As、Au、Sb、Zn、W、Cu、Ag				

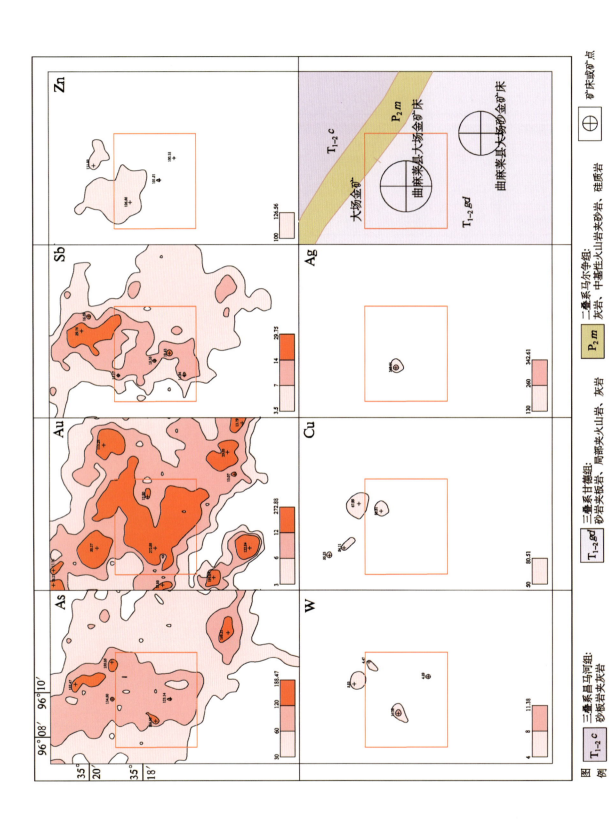

图 1.11 青海省大场金矿 1∶5 万地球化学异常剖析图

表1.11 新疆维吾尔自治区鄯善县康古尔金矿主要地质、地球化学特征

序号	分类	分项名称	分项描述								
1	基本信息	矿床名称	新疆维吾尔自治区鄯善县康古尔金矿								
2		行政隶属	新疆维吾尔自治区鄯善县康古尔								
3		经度	91°05′00″								
4		纬度	42°01′00″								
5	地质特征	大地构造位置	哈萨克斯坦-准噶尔板块之觉罗塔格晚古生代裂陷槽(沟弧带)西段,康古尔-黄山韧性剪切带的南部边缘影响带								
6		成矿区(带)	Ⅲ-8 觉罗塔格-黑鹰山铜、镍、铁、金、银、钼、钨、石膏、硅灰石、膨润土、煤成矿带								
7		成矿系列	与韧性剪切带有关火山热液型成矿系列								
8		矿床类型	火山热液型金(多金属)矿床								
9		赋矿地层(建造)	石炭系雅满苏组(C_1y)火山-沉积岩系								
10		矿区岩浆岩	正长花岗岩、辉长辉绿岩等								
11		主要控矿构造	成矿受康古尔-黄山韧性剪切带控制								
12		成矿时代	成矿时代为海西晚期,主成矿期时代为(290.4±7.2)~(282.3±5)Ma								
13		矿体形态产状	矿体呈脉状、透镜状,平、剖面均作雁列状分布。矿体倾向北,倾角75°~80°								
14		矿石工业类型	金矿石								
15		矿石矿物	主要有自然金、银金矿、黄铁矿、方铅矿、黄铜矿								
16		围岩蚀变	主要有硅化、绿泥石化、黄铁矿化、绢云母化、碳酸盐化等								
17		矿床规模	7.28t(平均品位 Au 8.84×10^{-6},Ag 13.05×10^{-6},Cu 0.51%,Pb+Zn 2.74%)								
18		剥蚀程度	浅剥蚀								
19	所属区域地球化学异常特征	成矿元素组合	成矿元素:Au、Ag、Cu、Pb、Zn;伴生元素:As、Sb、Bi、W、Mo等								
20		地球化学景观	干旱剥蚀丘陵区								
21		元素	面积(km²)	最大值	平均值	异常下限	标准差	富集系数	变异系数	成矿有利度	分带特征
22		Au	71.46	73.2	14.92	2	19.634	9.042	1.316	146.47	内、中、外带
23		As	44.68	227.5	37.268 3	11	61.033	5.339	1.638	206.78	内、中、外带
24		Sb	81.92	10.4	1.729	0.6	2.18	3.529	1.261	6.28	内、中、外带
25		Ag	13.58	638	288.667	90	303.33	4.81	1.051	972.90	内、中、外带
26		Cu	16.07	162.4	68.628 6	39	61.38	3.054	0.894	108.01	内、中、外带
27		Mo	65.78	6.84	2.538 64	1.5	1.57	2.329	0.618	2.66	内、中、外带
28		Pb	59.98	130	53.083 3	12	40.133	3.784	0.756	177.53	内、中、外带
29		Zn	20.75	91	82	63	7.874	1.64	0.096	10.25	内、中、外带
30		W	71.45	13.65	2.405 88	0.9	2.976	2.43	1.237	7.96	内、中、外带
31		Bi	97.28	3.08	0.430 313	0.19	0.566	1.871	1.315	1.28	内、中、外带
32		Mn	15.18	2047	1375.5	860	579.4	2.318	0.421	926.70	内、中、外带
其他		成矿率(V)	Au:0.07%								

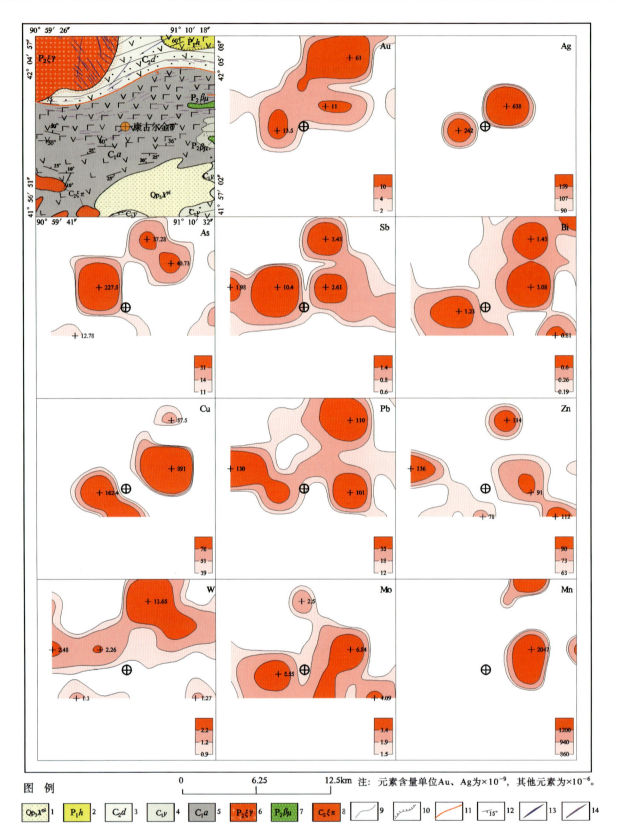

图1.12 新疆维吾尔自治区鄯善县康古尔金矿区域化探异常剖析图

1.第四系上更新统新疆群;2.二叠系哈尔加乌组;3.石炭系底坎尔组;4.下石炭统雅满苏组;5.下石炭统阿齐山组;6.二叠纪正长花岗岩;7.二叠纪辉长辉绿岩;8.石炭纪英安斑岩;9.地质界线;10.不整合界线;11.实测性质不明断层;12.地层产状;13.中性脉岩;14.石英脉

表 1.12　新疆维吾尔自治区鄯善县石英滩金矿主要地质、地球化学特征

序号	分类	分项名称	分项描述								
1	基本信息	矿床名称	新疆维吾尔自治区鄯善县石英滩金矿								
2		行政隶属	新疆维吾尔自治区鄯善县石英滩								
3		经度	90°11′50″								
4		纬度	42°05′09″								
5	地质特征	大地构造位置	哈萨克斯坦-准噶尔板块之觉罗塔格晚古生代沟弧带西段北缘,康古尔大断裂南侧的下二叠统上叠陆相火山盆地								
6		成矿区(带)	Ⅲ-8 觉罗塔格-黑鹰山铜、镍、铁、金、银、钼、钨、石膏、硅灰石、膨润土、煤成矿带								
7		成矿系列	与陆相火山岩有关的金多金属成矿系列								
8		矿床类型	陆相火山岩浅成低温热液型金矿床								
9		赋矿地层(建造)	下二叠统哈尔加乌组(P_1h),容矿岩石为安山-英安质火山熔岩、火山角砾岩及火山集块岩								
10		矿区岩浆岩	英云闪长岩体								
11		主要控矿构造	矿床产于早二叠世陆相火山盆地中,受古火山机构控制								
12		成矿时代	早二叠世—晚二叠世								
13		矿体形态产状	主矿体走向近东西,倾向北,倾角 32°～56°								
14		矿石工业类型	金矿石								
15		矿石矿物	自然金、黄铜矿、黄铁矿、白铁矿等								
16		围岩蚀变	主要有硅化、绿泥石化、碳酸盐化、绢云母化、冰长石化、次生石英岩化、黄铁绢英岩化等								
17		矿床规模	10.761t[Au 品位(10.65～14.18)×10^{-6}]								
18		剥蚀程度	中—浅剥蚀								
19	所属区域地球化学异常特征	成矿元素组合	成矿元素:Au;伴生元素:As、Sb、Ag、Hg(与金矿体重合的元素为 As、Sb,前缘元素为 Ag、Hg,近矿元素为 As、Sb)								
20		地球化学景观	干旱剥蚀丘陵区								
21		元素	面积(km²)	最大值	平均值	异常下限	标准差	富集系数	变异系数	成矿有利度	分带特征
22		Au	14.19	127.8	127.8	2	0	77.455	0	0.00	内、中、外带
23		As	9.13	16.1	15.9	12	0.283	2.278	0.018	0.37	中、外带
24		Ag	25.35	142.2	92.025	80	20.831	1.533	0.226	23.96	内、中、外带
25		Sb	22.75	2.13	1.578 33	1.2	0.311	3.221	0.197	0.41	中、外带
26		Bi	10.96	0.48	0.48	0.3	0	2.087	0	0.00	中、外带
27		W	59.65	2.11	1.582 86	1.4	0.207	1.599	0.131	0.23	中、外带
28		Sn	21.7	5.8	4.2	3.4	0.856	2.222	0.204	1.06	内、中、外带
29		Cr	39.72	87	71.6	60	7.121	1.91	0.099	8.50	中、外带
30		Ni	15.98	49.1	42.05	30	6.028	2.493	0.143	8.45	中、外带
31		Pb	11.08	23	21.75	20	1.258	1.55	0.058	1.37	外带
其他		成矿率(V)	无								

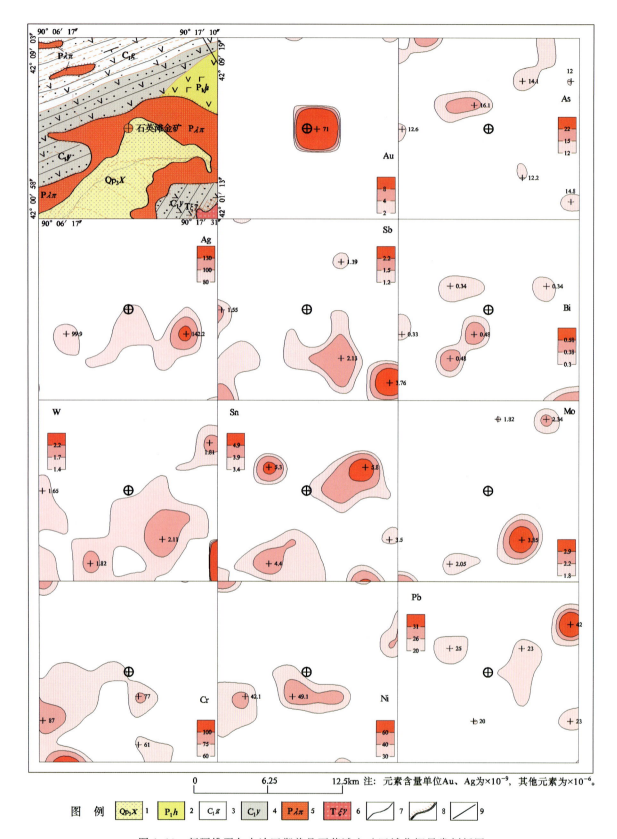

图 1.13 新疆维吾尔自治区鄯善县石英滩金矿区域化探异常剖析图

1.上更新统新疆群;2.下二叠统哈尔加乌组;3.下石炭统干墩岩组;4.下石炭统雅满苏组;5.二叠纪流纹斑岩;
6.三叠纪正长花岗岩;7.实测地质界线;8.角岩化;9.性质不明断层

表1.13 新疆维吾尔自治区伊宁县阿希金矿主要地质、地球化学特征

序号	分类	分项名称	分项描述							
1	基本信息	矿床名称	新疆维吾尔自治区伊宁县阿希金矿							
2		行政隶属	新疆维吾尔自治区伊宁县阿希							
3		经度	81°36′30″							
4		纬度	44°13′45″							
5	地质特征	大地构造位置	哈萨克斯坦-准噶尔板块,伊犁微板块,博罗科努古生代岛弧带,吐拉苏石炭系上叠火山盆地北缘							
6		成矿区(带)	Ⅲ-9伊犁微板块北东缘(复合岛弧带)金、银、铀、钼、铅、锌、铁、钨、锡、磷、石墨、沸石、珍珠岩、水晶、宝石、煤成矿带(Pt—∈,Vm,Vm-l,Mz)							
7		成矿系列	与陆相火山岩有关的金多金属成矿系列							
8		矿床类型	陆相火山岩浅成低温热液型金矿床							
9		赋矿地层(建造)	下石炭统大哈拉军山组(C_1d)第五岩性段,岩性为安山岩、英安岩、石英角闪安山玢岩(次火山岩相)、安山质角砾熔岩(火山颈相)等							
10		矿区岩浆岩	无							
11		主要控矿构造	吐拉苏早石炭世火山喷发岩带控制金矿化范围。近南北向火山构造凹陷控制金矿化带和矿田。破火山口边缘断裂控制金矿床							
12		成矿时代	早石炭世							
13		矿体形态产状	为上陡下缓、上宽下窄的脉状-似板状体。矿脉倾向东,倾角55°~85°							
14		矿石工业类型	金矿石							
15		矿石矿物	金银矿、自然金、褐铁矿、硒银矿、白铁矿、方铅矿、黄铜矿							
16		围岩蚀变	主要有硅化、绢云母化、冰长石化、叶蜡石化、黄铁矿化、绿泥石化							
17		矿床规模	$0.006\ 013\ 8×10^4$ t[Au平均品位$(2.30\sim5.58)×10^{-6}$]							
18		剥蚀程度	浅剥蚀							
19	所属区域地球化学异常特征	成矿元素组合	成矿元素:Au;伴生元素:Ag、Pb、Zn、As、Sb、Bi、Cd(W、Sn、Mo)							
20		地球化学景观	半干旱中山区							
21		元素	面积(km²)	最大值	平均值	异常下限	标准差	富集系数	变异系数	成矿有利度	分带特征
22		Au	59.84	500	75.648 5	3	142.25	49.122	1.88	3587.00	内、中、外带
23		As	27.55	115	60.5	29	31.894	5.071	0.527	66.54	内、中、外带
24		Cu	8.48	44	40.666 7	35	4.933	1.66	0.121	5.73	中、外带
25		Pb	12.77	260	260	25	0	13.232	0	0.00	内、中、外带
26		Zn	9.54	556	556	149	0	7.302	0	0.00	内、中、外带
27		Cr	47.58	106	76.56	61	13.272	1.504	0.173	16.66	内、中、外带
28		Ni	27.45	49.1	41.45	33	6.675	1.707	0.161	8.38	中、外带
29		Hg	5.01	57	54.5	46	3.536	2.522	0.065	4.19	外带
30		Cd	8.38	2 530	2 530	560	0	14.867	0	0.00	内、中、外带
31		Ti	3.08	4 940	4 940	4 500	0	1.471	0	0.00	外带
32		V	6.99	112	107	100	5	1.404	0.047	5.35	外带
	其他	成矿率(V)	Au:0.028%							

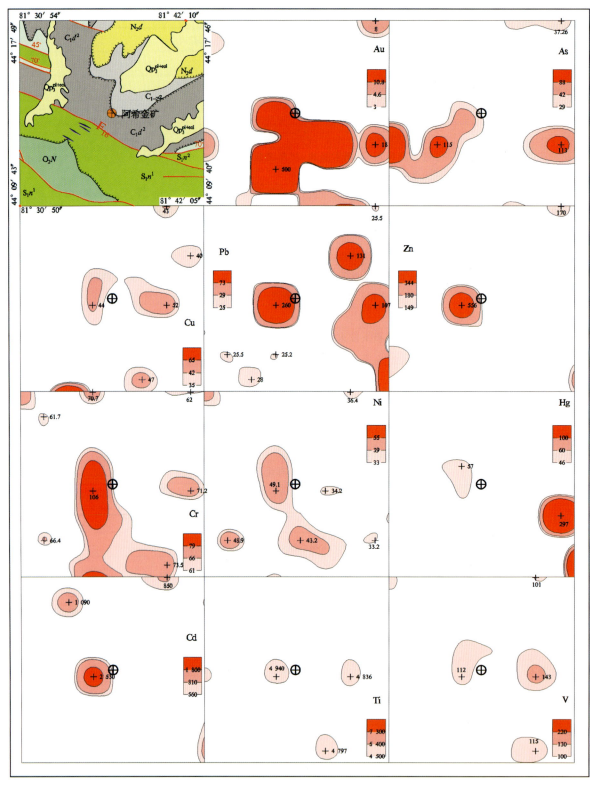

图 1.14 新疆维吾尔自治区伊宁县阿希金矿区域化探异常剖析图

1.晚更新世洪积+风积物；2.独山子组；3.阿克沙克组；4.大哈拉军山组；5.尼勒克河组上段；6.尼勒克河组下段；
7.奈楞格勒达坂群；8.中性岩脉；9.地质界线；10.角度不整合界线；11.一般断裂

表1.14 新疆维吾尔自治区乌恰县萨瓦亚尔顿金矿主要地质、地球化学特征

序号	分类	分项名称	分项描述							
1	基本信息	矿床名称	新疆维吾尔自治区乌恰县萨瓦亚尔顿金矿							
2		行政隶属	新疆维吾尔自治区乌恰县萨瓦亚尔顿							
3		经度	74°18′20″							
4		纬度	40°05′28″							
5	地质特征	大地构造位置	位于塔里木-华北板块阔克萨勒晚古生代陆缘盆地西段东阿赖复背斜中							
6		成矿区(带)	Ⅲ-12塔里木板块北缘(复合沟弧带)铁、钛、锰、铜、镍、钼、铅、锌、锡、金、锑、稀有金属、稀土、白云母、菱镁矿、铝土矿、石墨、硅灰石、红柱石、白云母、石油、天然气、煤、硫铁矿、盐类、玉石、蛇纹岩、泥炭成矿带(Pt,Ce,Ve,Vm-1,Mz,Kz)							
7		成矿系列	与破碎蚀变岩有关的金多金属成矿系列							
8		矿床类型	层控变质热液"穆龙套"型							
9		赋矿地层(建造)	志留系厚大的浅变质岩夹碳酸盐岩建造,具类复理石建造特征							
10		矿区岩浆岩	矿区无大规模岩浆活动,仅见有基性岩和花岗岩的岩脉							
11		主要控矿构造	阿热克托如克和依尔克什坦两条断裂控制了矿田的分布,其间发育层间断裂和韧性剪切带控制了矿化带的分布,并是多期次活动							
12		成矿时代	早石炭世							
13		矿体形态产状	似层状(倾向313°,倾角60°～70°)							
14		矿石工业类型	金矿石							
15		矿石矿物	黄铜矿、黄铁矿、毒砂、脆硫锑铅矿、辉锑矿、磁黄铁矿、方铅矿、闪锌矿、银金矿等							
16		围岩蚀变	有硅化、黄铁矿化、毒砂化、绢云母化、碳酸盐化及局部的绿泥石化							
17		矿床规模	0.012×10^4 t[Au平均品位$(1.44 \sim 5.92) \times 10^{-6}$]							
18		剥蚀程度	浅剥蚀							
19	所属区域地球化学异常特征	成矿元素组合	成矿元素:Au;伴生元素:As、Sb(W、Sn)、Bi等							
20		地球化学景观	湿润中低山丘陵							
21		元素	面积(km^2)	最大值	平均值	异常下限	标准差	富集系数	变异系数	成矿有利度	分带特征
22		Au	64.7	21	6.181	2.2	5.638	5.025	0.912	15.84	内、中、外带
23		As	49.58	78	30.226	14	23.269	3.682	0.77	50.24	内、中、外带
24		Sb	96.96	5.9	1.777	1	1.005	2.963	0.565	1.79	内、中、外带
25		W	21.55	6.7	2.988	2.4	1.424	2.334	0.477	1.77	内、中、外带
26		Sn	19.49	3.2	2.371	2.5	0.699	1.482	0.295	0.66	内、中、外带
27		Bi	15.56	0.66	0.46	0.46	0.147	1.586	0.32	0.15	内、中、外带
28		Cr	19.36	101	92.287	81	7.58	2.038	0.082	8.64	中、外带
	其他	成矿率(V)	Au:11.71%							

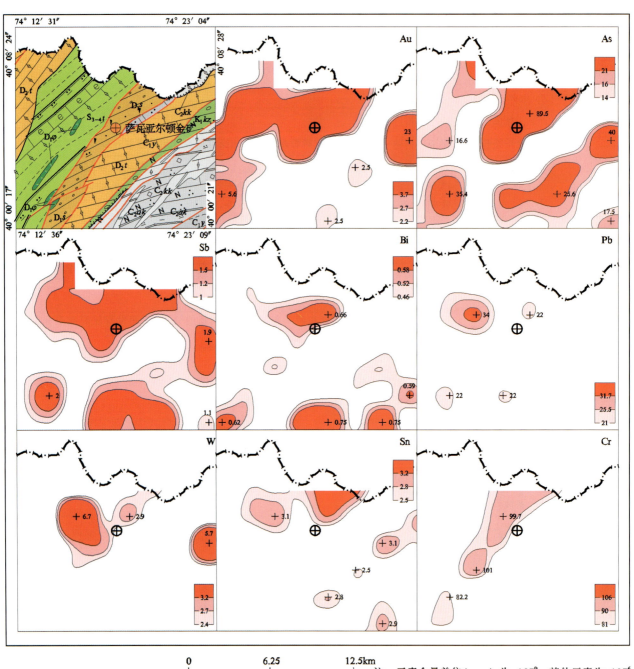

图 1.15 新疆维吾尔自治区乌恰县萨瓦亚尔顿金矿区域化探异常剖析图

1.克孜勒苏组；2.康克林祖；3.艾克提克组；4.伊什基里克组；5.头苏泉组；6.萨瓦亚尔顿组；7.塔塔埃尔塔格组；8.纯橄榄岩；9.地质界线；10.角度不整合界线；11.一般断裂

表 1.15 宁夏回族自治区金场子金铜银矿主要地质、地球化学特征

序号	分类	分项名称	分项描述
1	基本信息	矿床名称	卫宁北山金场子金铜银矿
2		行政隶属	宁夏回族自治区中卫市
3		经度	105°11′31″
4		纬度	37°23′45″
5	地质特征	大地构造位置	秦祁昆造山系北祁连造山带东段,其北与华北地台阿拉善地块相接,其东与华北地台鄂尔多斯地块毗邻
6		成矿区(带)	Ⅲ-20 河西走廊铁、锰、萤石、盐类、凹凸棒石、石油成矿带
7		成矿系列	与气成-热液活动有关的重晶石脉、镜铁矿脉、石英脉和方解石脉等成矿系列。闪长玢岩脉与矿体关系密切,部分闪长玢岩脉含金达到矿体品位
8		矿床类型	同沉积热卤水型及构造破碎带型金-铜矿,沉积改造型铜矿
9		赋矿地层(建造)	晚古生代各类建造的基底层,泥盆系演化为前陆盆地,沉积了一套陆相磨拉石建造,下石炭统在泥盆纪前陆盆地的基础上演化为伸展型上叠盆地,形成一套咸化潟湖-陆棚海沉积建造,晚石炭世形成一套海陆交互相含煤建造
10		矿区岩浆岩	见有闪长玢岩脉,部分含金
11		主要控矿构造	西部金铜矿(金场子)以构造破碎带控制为主,东部铜矿(大铜沟)以地层和构造双重控制为主
12		成矿时代	主要为泥盆纪、石炭纪
13		矿体形态产状	矿体受剪切带控制,近东西向平行展布,产状与地层近于平行。多为陡倾的脉状矿体,倾向南,倾角 60°～87°。矿脉沿走向长 80～300m,倾斜延深 43～750m,厚度 0.59～9.96m
14		矿石工业类型	构造角砾岩型、碎裂岩型、黄铁矿型、石英大脉型、闪长玢岩型
15		矿石矿物	氧化矿石,即孔雀石,少量蓝铜矿,偶见黄铜矿、黄铁矿、斑铜矿等呈细小分散状的硫化矿物
16		围岩蚀变	蚀变微弱,主要为硅化、绢云母化、碳酸盐化及褐铁矿化
17		矿床规模	共求得金资源量 3 732.168kg,平均品位 Au $4.501×10^{-6}$。伴生铜 2 556.12t,平均品位 Cu 0.175%;银 23 123.86kg,平均品位 Ag $171.548×10^{-6}$;铅 8 024.64t,平均品位 Pb 1.126%;锌 1 352t,平均品位 Zn 1.775%;钴 635.79t,平均品位 Co 0.057%;金多金属矿石总量 $339×10^4$ t
18		剥蚀程度	一般或较浅
19	所属区域地球化学异常特征	成矿元素组合	Ni-Co-Zn-Mn-Fe 为第一因子组合,基性基底控制作用明显。Sb-As-Hg 为另一组合,为以中低温热液作用为主要成矿作用。异常组合为 Cu-Co-Au-As-Sb-Hg,以 As、Sb、Hg 异常强度大为主要特点
20		地球化学景观	干旱荒漠区
21		元素	面积(km^2)	最大值	平均值	异常下限	标准差	富集系数	变异系数	成矿有利度	分带特征
22		As	65.6	190	26.54	21	18.34	3.25	0.691	23.18	内、中、外带
23		Sb	438.5	11.94	1.26	0.94	1.49	1.84	1.183	2.00	内、中、外带
24		Hg	21	191.2	26.86	19.3	18.20	1.58	0.678	25.33	中、外带
25		Co	37.9	32.9	12.23	2.83	4.52	1.39	0.370	19.53	内、中、外带
26		Au	2.56	6.2	2.13	0.084	0.82	1.63	0.385	20.79	中、外带
27		Ag	2.7	0.023	0.01	27.3	0.29	0.10	29.000	0.00	
28		Cu	141.8	376	28.05	79	31.62	1.03	1.127	11.23	内、中、外带
29		Zn	23.2	240	87.01	635	47.10	1.48	0.541	6.45	内、中、外带
30		Mn	24.8	2 557	640.93	12.6	311.70	0.90	0.486	15 855.39	内、中、外带
31		V	7.1	164	77.68	91	29.70	1.17	0.382	25.35	内、中、外带
其他		成矿率(V)	Au:7.01%

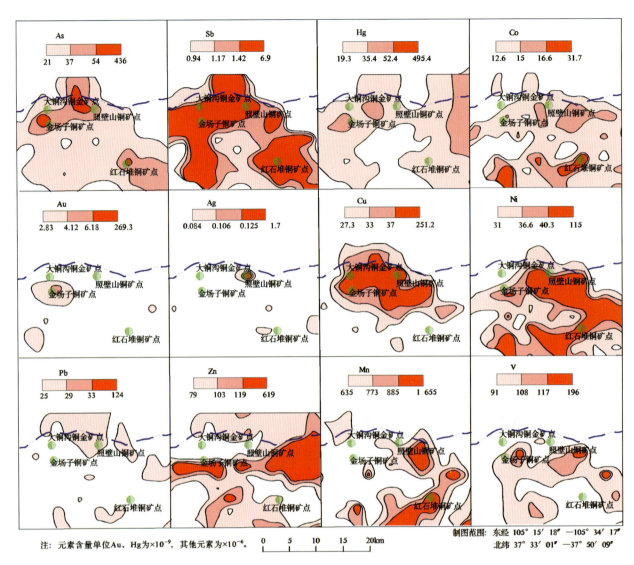

图 1.16 宁夏回族自治区金场子金铜银矿区域地球化学异常剖析图

表1.16 宁夏回族自治区牛头沟金铜矿主要地质、地球化学特征

序号	分类	分项名称	分项描述							
1	基本信息	矿床名称	贺兰山北段牛头沟金铜矿							
2		行政隶属	宁夏回族自治区石嘴山市							
3		经度	106°19′12″							
4		纬度	39°10′12″							
5	地质特征	大地构造位置	华北陆块鄂尔多斯地块西缘贺兰山裂陷北段之基底杂岩带							
6		成矿区(带)	Ⅲ-59鄂尔多斯西缘(陆缘坳褶带)铁、铅、锌、磷、石膏、芒硝成矿带(Ar_3,Pt,Pz,Kz)							
7		成矿系列	辉绿岩脉侵入于古元古代老变质岩(似斑状混合花岗岩及黑云变粒岩)中,样品分析有些岩脉有金矿化显示,说明金矿的形成与之有一定的关系							
8		矿床类型	破碎带蚀变岩型,变质岩层状铜矿床							
9		赋矿地层(建造)	韧性剪切带花岗混合片麻岩建造							
10		矿区岩浆岩	古元古代花岗岩、花岗闪长岩							
11		主要控矿构造	构造破碎带。混合花岗岩、黑云斜长片麻岩(原岩为花岗闪长岩)中普遍见到铜矿化							
12		成矿时代	古元古代黑云母斜长片麻岩,推覆构造,古元古界覆盖于∈-C-P砂岩、页岩和碳质页岩地层上,在其构造破碎带中成矿							
13		矿体形态产状	矿体平均倾角50°~67°,近地表缓,向深部变陡,沿走向、倾向呈舒缓波状,局部膨大、缩小现象明显,产状与F_1基本平行							
14		矿石工业类型	以韧性剪切破碎带控制的蚀变岩型金矿石							
15		矿石矿物	黄铁矿、磁黄铁矿、黄铜矿、方铅矿和孔雀石、褐铁矿							
16		围岩蚀变	硅化、黄铁矿化、褐铁矿化、绢云母化、绿泥石化							
17		矿床规模	333类和334类金金属资源量2 943.92kg,其中333类资源量1 984.42kg,334类资源量959.50kg							
18		剥蚀程度	较低							
19	所属区域地球化学异常特征	成矿元素组合	以V-Ti-Cr-Co-Ni为第一因子,受基性基底控制明显;Ag-Cu-Zn为主要成矿元素组合,另有Au-As成矿组合和Mn-Ni-Co的碳酸盐化组合							
20		地球化学景观	半干旱荒漠山区							
21		元素	面积(km²)	最大值	平均值	异常下限	标准差	富集系数	变异系数	成矿有利度	分带
22		Ag	58.84	0.12	0.055	—	0.027	0.86	0.491	—	
23		As	39.19	17.8	5.47	—	3.193	0.62	0.584		
24		Au	20.68	8	1.18	1.24	1.077	0.81	0.913	1.02	内、中、外带
25		Bi	22.19	0.73	0.27	—	0.136	1.14	0.504		
26		Co	65.78	20.4	9.572	—	3.284	1.04	0.343		
27		Cr	33.41	146.2	51.259	—	25.693	1.15	0.501		
28		Cu	85.19	39.8	16.496	1.22	7.422	0.74	0.450	100.36	中、外带
29		Mn	45.8	710	363.527	1.19	118.013	0.57	0.325	36 051.19	内、中、外带
30		Ni	56.57	57.6	20.985	—	9.371	1.26	0.447		
31		Pb	6.39	34.4	16.859	—	4.637	1.16	0.275		
32		Sb	37.7	0.7	0.224	—	0.134	0.39	0.598		
33		V	34.72	102	53.989	—	18.42	0.84	0.341		
34		Zn	69.23	142.4	52.39	1.24	22.218	0.92	0.424	938.71	内、中、外带
	其他	成矿率(V)	Au:13.96%							

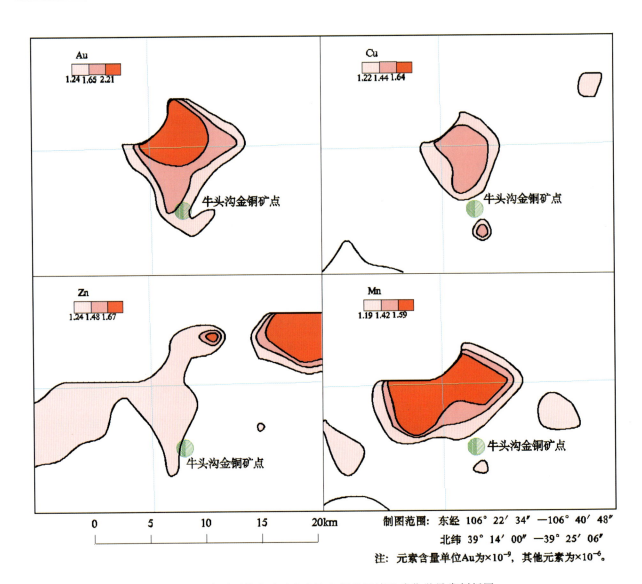

图 1.17 宁夏回族自治区牛头沟金铜矿区域地球化学异常剖析图

表1.17 宁夏回族自治区西华山金铜银矿主要地质、地球化学特征

序号	分类	分项名称	分项描述								
1	基本信息	矿床名称	西华山簸箕掌金铜银矿								
2		行政隶属	宁夏回族自治区中卫市海原县								
3		经度	105°12′45″								
4		纬度	36°20′38″								
5	地质特征	大地构造位置	宁南弧形推覆构造的顶弧内侧,黄家洼山-六盘山推覆体的前缘,北东侧紧靠景泰-南西华山-六盘山东麓深大断裂								
6		成矿区(带)	Ⅲ-21 北祁连铜、铅、锌、铁、铬、金、银、硫铁矿、石棉成矿带(Pt_2,Pt_3—Pz_1)								
7		成矿系列	西南侧的屈吴山和东南侧的南华山地区均有加里东期花岗闪长岩侵入,并主要表现为铜矿化及伴生金矿化,而西北侧的黄家洼山地区没有见到岩体,并主要表现为金矿化								
8		矿床类型	变质火山岩型金铜(银)矿床,层控-热液型								
9		赋矿地层(建造)	属北祁连褶皱带东段,元古宙和早古生代曾两度出现裂谷,中新元古代沉积了一套巨厚的火山-沉积建造								
10		矿区岩浆岩	岩浆岩有两期,早期属元古宙火山喷发岩和小型次火山岩,分中酸性岩和基性岩两类,岩石多已片理化,变质为云母钠长石英片岩和绿泥阳起钠长片岩;晚期为加里东末期产物,由煌斑岩和钠长岩、斜长岩等脉岩构成								
11		主要控矿构造	西北向断裂带及旁侧的北东向节理、裂隙、次级断裂,断裂一般都为晚期石英脉和钠长石脉填充,控制着铜矿化带的展布								
12		成矿时代	中元古代蓟县纪								
13		矿体形态产状	以脉状、透镜状、扁豆体状为主,局部呈囊状,或者尖灭再现,或者分枝复合,或者彼此斜列,部分矿体局部分叉密集,形成复杂形态								
14		矿石工业类型	煌斑岩型、石英脉型、蚀变岩型								
15		矿石矿物	主要为黄铜矿、孔雀石,另有辉铜矿、黄铁矿、褐铁矿、斑铜矿、蓝铜矿、方铅矿								
16		围岩蚀变	硅化、绿泥石化、绢云母化、黄铜矿化、孔雀石化、褐铁矿化								
17		矿床规模	有品位较高的金矿体存在,矿体长大于100m,厚0.2~1.2m,斜深大于140m,平均品位$(7\sim8)\times10^{-6}$,膨大部位多在$(8\sim18.4)\times10^{-6}$之间,局部甚至达70×10^{-6}以上,已控制金属储量大于400kg,预测资源量可达2t,在局部见到铅矿化或形成小型铅矿体。另外,柳沟地区也发现多个金矿体及金矿(化)点,显示出良好的成矿远景								
18		剥蚀程度	剥蚀较深								
19	所属区域地球化学异常特征	成矿元素组合	Ag作为主成矿元素,Cu、Pb、Zn作为主要指示元素组合,而Au、As、Sb作为主要伴生元素组合								
20		地球化学景观	干旱荒漠区								
21		元素	面积(km²)	最大值	平均值	异常下限	标准差	富集系数	变异系数	成矿有利度	分带特征
22		Au	529.4	79.5	14.18	2.8	24.53	2.76	1.730	124.23	内、中、外带
23		Ag	58.9	0.034	0.013 8	0.084	0.071 0	0.21	5.145	0.01	内、中、外带
24		Cu	73.1	145.7	45.71	27.3	30.85	1.74	0.675	51.65	内、中、外带
25		Pb	7.6	50.4	21.66	25	10.91	1.47	0.504	9.45	内、中、外带
26		Mn	—	958	652.47	635	116.07	0.99	0.178	119.26	中、外带
27		Co	4.1	16.4	13.09	12.6	2.70	1.51	0.206	2.81	中、外带
28		Ni	—	40.9	31.50	31	4.93	1.85	0.157	5.01	外带
29		V	0.67	125	94.41	91	19.29	1.41	0.204	20.01	中、外带
	其他	成矿率(V)	Au:0.003%								

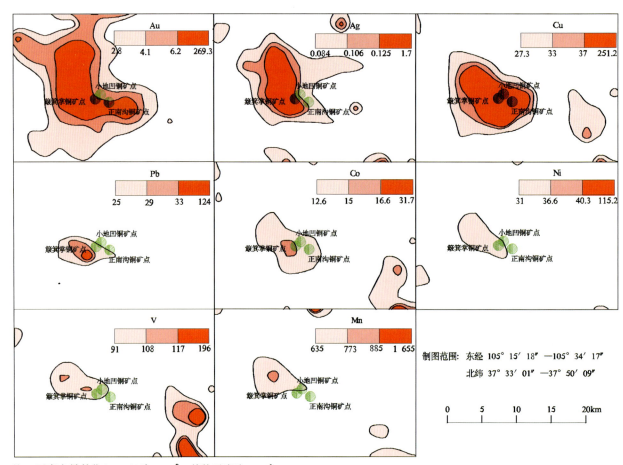

注：元素含量单位Au、Ag为×10⁻⁹，其他元素为×10⁻⁶。

图 1.18　宁夏回族自治区西华山金铜银矿区域地球化学异常剖析图

2. 银 矿

表 2.1 陕西省白河县大兴银(金)矿床主要地质、地球化学特征

序号	分类	分项名称	分项描述							
1	基本信息	矿床名称	白河县大兴银(金)矿床							
2		行政隶属	陕西省白河县大兴镇							
3		经度	110°02′46″							
4		纬度	32°34′49″							
5	地质特征	大地构造位置	IV_9^3 南秦岭弧盆系宁陕-旬阳板内陆表海							
6		成矿区(带)	III-66 东秦岭金、银、钼、铜、铅、锌、锑、非金属成矿带							
7		成矿系列	与中新元古代海相中基性—中酸性火山岩有关的金、银、铅、锌、重晶石矿床成矿系列							
8		矿床类型	火山岩型							
9		赋矿地层(建造)	矿区地层主要出露有中新元古界武当山群拦鱼河组($Pt_{2-3}l$),变酸性火山岩、火山碎屑岩及碎屑沉积岩							
10		矿区岩浆岩	矿区岩浆岩以辉长辉绿岩为主,呈岩脉或岩墙顺层或穿层侵入							
11		主要控矿构造	矿区断裂构造发育,主要有东西向、北东东向、北西向和南北向 4 组,其中以东西向及北东东向最为发育,规模最大,与矿关系密切							
12		成矿时代	印支期							
13		矿体形态产状	矿体形态多呈脉状、透镜状、囊状沿北东东向展布,矿体规模大小不等,长数十米至数百米,延伸 40～200m,厚一般 2～8m							
14		矿石工业类型	银矿石及硫化多金属矿石							
15		矿石矿物	金属硫化物主要有黄铁矿、方铅矿、黄铜矿、自然银、含银硫化物及银金硫化物等。脉石矿物以石英为主,次要矿物有绢(白)云母、铁白云石、方解石、绿泥石等							
16		围岩蚀变	硅化、绢云母化、黄铁矿化、铁白云石化等							
17		矿床规模	小型,储量 188.00t							
18		剥蚀程度	矿床全部为隐伏矿,未剥蚀							
19	所属区域地球化学异常特征	成矿元素组合	主成矿元素:Ag;伴生元素:As、Zn、Mo							
20		地球化学景观	湿润的中低山森林区							
21		元素	面积(km^2)	最大值	平均值	异常下限	标准差	富集系数	变异系数	成矿有利度	分带特征
22		Ag	24	0.55	0.26	1.22	0.52	2.52	1.98	0.11	中、外带
23		As	16	14.00	7.88	1.25	3.60	0.94	0.46	22.69	内、中、外带
24		Zn	4	135.80	135.80	1.17	0.00	1.31	0.00	0.00	外带
25		Mo1	24	12.00	3.13	1.24	4.13	9.78	1.32	10.42	中、外带
26		Mo2	20	6.30	3.10	1.24	2.12	9.69	0.69	5.30	中、外带
其他		成矿率(V)	Ag:7 121.2%							

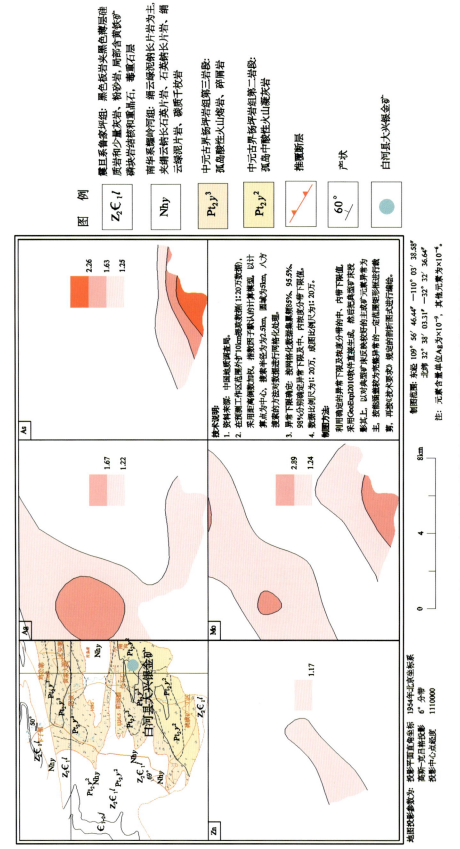

图 2.1 陕西省白河县大兴银(金)矿床区域地球化学异常剖析图

表 2.2 陕西省柞水县银硐子银多金属矿床主要地质、地球化学特征

序号	分类	分项名称	分项描述							
1	基本信息	矿床名称	柞水县银硐子银多金属矿床							
2		行政隶属	陕西省柞水县银硐子							
3		经度	109°16′40″							
4		纬度	33°36′52″							
5	地质特征	大地构造位置	Ⅳ$_9^3$ 南秦岭弧盆系-刘岭前陆盆地							
6		成矿区(带)	Ⅲ-66 东秦岭金、银、钼、铜、铅、锌、锑、非金属成矿带							
7		成矿系列	中—晚泥盆世碳酸盐岩-细碎屑岩中海底热液喷流沉积层控改造铅锌矿床成矿系列							
8		矿床类型	沉积-改造型							
9		赋矿地层(建造)	矿体产于青石垭组中下部的绿泥绢云千枚岩夹菱铁质板岩、铁白云质结晶灰岩中							
10		矿区岩浆岩	区内未见规模较大的侵入体出露,但脉岩却十分发育,常见的有煌斑岩脉和细碧岩脉							
11		主要控矿构造	断裂							
12		成矿时代	海西期							
13		矿体形态产状	似层状,透镜状							
14		矿石工业类型	金银矿石及硫化多金属矿石							
15		矿石矿物	金属矿物主要为方铅矿、黄铜矿、黄铁矿、闪锌矿、磁铁矿,其次为磁黄铁矿、毒砂、细硫砷铅矿;脉石矿物以重晶石和钠长石为主							
16		围岩蚀变	钠长石化、硅化岩,还见绿泥石化和绢云母化							
17		矿床规模	大型,储量 2 425.22t							
18		剥蚀程度	浅剥蚀							
19	所属区域地球化学异常特征	成矿元素组合	主成矿元素:Ag;伴生元素:As、Au、Cu、Hg、Pb、Sb							
20		地球化学景观	湿润的中低山森林区							
21		元素	面积(km²)	最大值	平均值	异常下限	标准差	富集系数	变异系数	成矿有利度	分带特征
22		Ag	76	13.08	0.95	0.127	2.89	9.22	3.04	21.62	内、中、外带
23		As	152	74.00	23.09	11.481	15.95	2.74	0.69	32.08	内、中、外带
24		Au	28	151.67	23.83	3.743	52.20	16.66	2.19	332.33	内、中、外带
25		Cu	88	158.33	60.28	36.839	38.29	2.09	0.64	62.65	内、中、外带
26		Hg	76	0.29	0.09	0.072	0.07	1.91	0.71	0.09	中、外带
27		Pb	60	166.80	65.81	46.422	32.78	1.70	0.50	46.47	内、中、外带
28		Sb	64	7.52	2.28	1.48	1.80	2.19	0.79	2.77	中、外带
其他		成矿率(V)	Ag:147.6%							

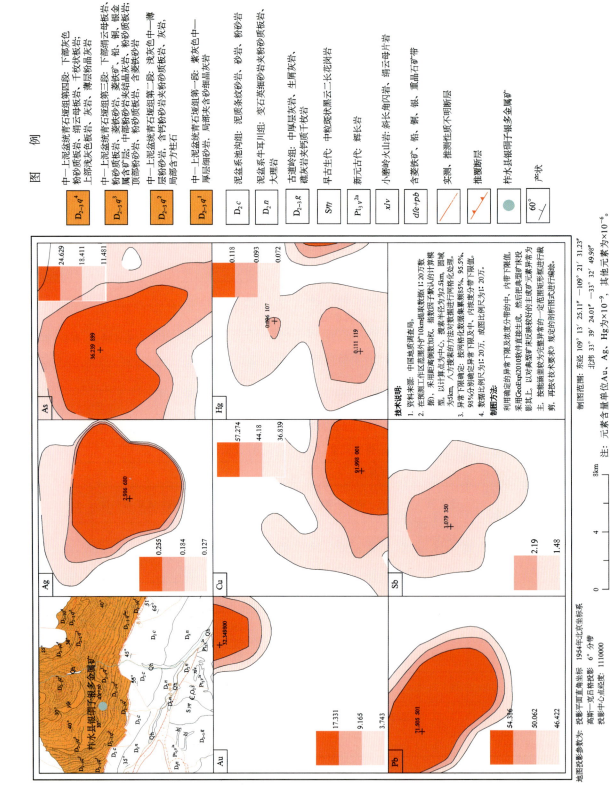

图 2.2 陕西省柞水县银硐子银多金属矿床区域地球化学异常剖析图

表 2.3 甘肃省柳稍沟银矿主要地质、地球化学特征

序号	分类	分项名称	分项描述							
1	基本信息	矿床名称	甘肃省柳稍沟银矿							
2		行政隶属	甘肃省两当县							
3		经度	106°14′32″							
4		纬度	34°05′12″							
5	地质特征	大地构造位置	秦祁昆造山系,秦岭弧盆系,北、中秦岭接合部位							
6		成矿区(带)	Ⅲ-28 西秦岭铅、锌、铜(铁)、金、汞、锑成矿带							
7		成矿系列	西秦岭北缘与构造断裂带含矿流体有关的金(银)矿床成矿亚系列							
8		矿床类型	构造蚀变岩型							
9		赋矿地层(建造)	丹凤群黑湾里岩组(Pt_3h)、木其滩岩组第三岩段(Pt_3m^3),含矿岩石为绿泥绿帘片岩、绿泥绢云石英片岩、绢云石英片岩、大理岩、灰岩等							
10		矿区岩浆岩	仅在矿区西南部零星分布有太白似斑状二长花岗岩体;脉岩相对发育,主要为闪长岩脉(δ)、闪长玢岩脉($\delta\mu$)和少量花岗岩脉(γ)、石英岩脉(q)等							
11		主要控矿构造	断裂构造极为发育,呈近东西向或北东东向展布,其中丹凤群内极发育的次级层间挤压平移断裂及其伴(派)生构造为矿液就位提供了赋存空间							
12		成矿时代	印支期							
13		矿体形态产状	矿体多呈脉状、扁豆状							
14		矿石工业类型	块状矿石、脉状矿石							
15		矿石矿物	主要为黄铁矿、方铅矿、辉银矿、毒砂、硫锑铜铅矿、闪锌矿、银金矿、金银矿、自然金、自然银等;其次为白铅矿、硫锑铅矿、锌锑黝铜矿、黄铜矿等							
16		围岩蚀变	蚀变类型有黄(褐)铁矿化、方铅矿化、硅化、绢云母化、石英岩化、大理岩化等,均沿断裂带两侧分布							
17		矿床规模	银 290.5t,金 11.1t,铅 68 127t							
18		剥蚀程度	中—浅剥蚀							
19	所属区域地球化学异常特征	成矿元素组合	成矿元素:Ag;伴生元素:Au,Pb,As,Sb,Zn 等							
20		地球化学景观	陇南半湿润—湿润中低山区							
21		元素	面积(km²)	最大值	平均值	异常下限	标准差	富集系数	变异系数	成矿有利度	分带特征
22		Au	147.61	114	17.18	6.4	19.69	6.98	1.15	52.86	内、中、外带
23		Ag	216.37	1690	427.4	156.5	435.43	5.01	1.02	1 189.16	内、中、外带
24		Pb	190	383.6	83.54	36.5	74.68	3.53	0.89	170.93	内、中、外带
25		As	329.11	91.6	28.5	17.4	13.86	2.03	0.49	22.70	内、中、外带
26		Sb	180.21	28.61	7.74	1.5	4	5.00	0.52	20.64	内、中、外带
27		Zn	192.94	178.3	107.5	93.1	17.8	1.41	0.17	20.55	内、中、外带
28		Hg	113.4	1084	110	56.3	190.62	1.73	1.73	372.44	内、中、外带
29		Cd	211.68	3.89	0.38	0.2	0.51	2.05	1.34	0.97	内、中、外带
其他		成矿率(V)	Ag:0.11%							

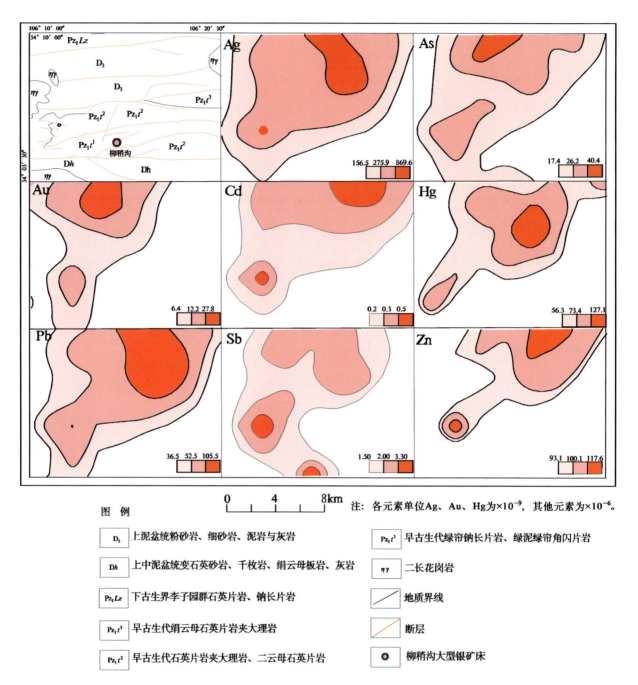

图 2.3　甘肃省柳稍沟银矿区域地球化学异常剖析图

表 2.4 新疆维吾尔自治区鄯善县维权银多金属矿主要地质、地球化学特征

序号	分类	分项名称	分项描述							
1	基本信息	矿床名称	新疆维吾尔自治区鄯善县维权银多金属矿							
2		行政隶属	新疆维吾尔自治区鄯善县维权							
3		经度	91°43′47″							
4		纬度	41°52′18″							
5	地质特征	大地构造位置	哈萨克斯坦-准噶尔板块之觉罗塔格晚古生代沟弧带中段,康古尔-黄山韧性剪切带南缘影响带							
6		成矿区(带)	Ⅲ-8 觉罗塔格-黑鹰山铜、镍、铁、金、银、钼、钨、石膏、硅灰石、膨润土、煤成矿带							
7		成矿系列	与矽卡岩有关的铜多金属成矿系列							
8		矿床类型	钙矽卡岩型银多金属矿床							
9		赋矿地层(建造)	矿床产于上石炭统土古土布拉克组(C_2tgt)砂岩、凝灰岩和灰岩互层地层中。矿体产于矽卡岩化砂岩夹凝灰岩、含砾砂岩夹凝灰岩、灰岩夹砂岩层中							
10		矿区岩浆岩	百灵山花岗岩-花岗闪长岩体,并有花岗斑岩、闪长玢岩小岩株或岩脉出露							
11		主要控矿构造	北西向断裂							
12		成矿时代	晚石炭世							
13		矿体形态产状	似透镜状(矿体北倾,倾角 72°~75°)							
14		矿石工业类型	含铜矽卡岩、角砾状矽卡岩、团块状硫化物型矿石							
15		矿石矿物	黄铜矿、辉铜矿、斑铜矿、辉银矿、方铅矿、闪锌矿、磁铁矿、赤铁矿、黄铁矿							
16		围岩蚀变	主要有硅化、绢云母化、钾长石化、透辉石化、绿帘石化、绿泥石化							
17		矿床规模	银:532t,铜:2.02×10⁴t,Ag 平均品位 378×10⁻⁶,Cu 平均品位 1.69%,Pb、Zn 平均品位 2.7%							
18		剥蚀程度	浅剥蚀							
19	所属区域地球化学异常特征	成矿元素组合	成矿元素:Ag、Cu、Pb、Zn;伴生元素:Au、As、Sb、Bi、Hg、W、Sn、Mo							
20		地球化学景观	干旱剥蚀丘陵区							
21		元素	面积(km^2)	最大值	平均值	异常下限	标准差	富集系数	变异系数	成矿有利度	分带特征
22		Ag	44.44	140	115.111	90	15.112	1.918	0.131	19.33	内、中、外带
23		Pb	42.33	149	37.6	17	40.181	2.68	1.069	88.87	内、中、外带
24		Zn	42.61	291	198	120	58.113	3.96	0.294	95.89	内、中、外带
25		Cd	43.49	0.51	0.322	190	89.132	3.189	0.277	0.15	内、中、外带
26		Cu	22.11	76.6	48.3	30	17.523	2.15	0.363	28.21	内、中、外带
27		As	30.66	19.9	15.811 1	13	2.382	2.265	0.151	2.90	内、中、外带
28		W	57.24	2.6	1.099 17	0.8	0.491	1.11	0.447	0.67	内、中、外带
29		Mn	47.14	2 230	1 666.67	1 000	323.96	2.808	0.194	539.93	内、中、外带
	其他	成矿率(V)	Ag:61.93%							

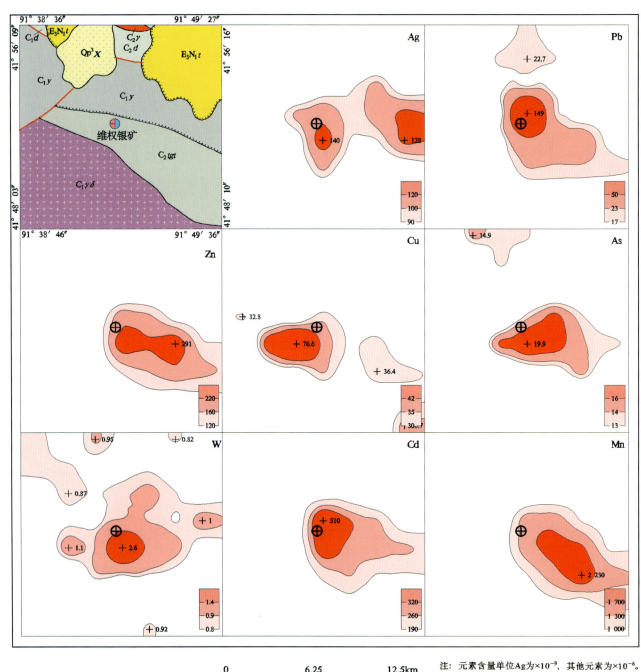

图 2.4　新疆维吾尔自治区鄯善县维权银矿区域化探异常剖析图

1.上更新统新疆群;2.桃树园组;3.底坎儿组;4.土古土布拉克组;5.雅满苏组;6.早石炭世岗闪长岩;
7.晚石炭世花岗岩;8.地质界线;9.不整合界线;10.一般断裂

3. 铜 矿

表 3.1 陕西省眉县铜峪铜矿床主要地质、地球化学特征

序号	分类	分项名称	分项描述								
1	基本信息	矿床名称	陕西省眉县铜峪铜矿床								
2		行政隶属	陕西省眉县								
3		经度	107°43′05″								
4		纬度	34°08′30″								
5	地质特征	大地构造位置	IV_9^1 秦岭弧盆系-北秦岭活动陆缘弧								
6		成矿区(带)	III-66 东秦岭金、银、钼、铜、铅、锌、锑、非金属成矿带								
7		成矿系列	与海相中基性火山岩有关的铜锌矿床成矿系列								
8		矿床类型	海相火山岩型								
9		赋矿地层(建造)	下古生界宽坪群火神庙组上岩段(Pz_1h^1)斜长角闪岩,为海相火山岩建造								
10		矿区岩浆岩	宝鸡岩群系列三单元(KB_3)的石英闪长岩、黑云斜长花岗岩、混染闪长岩岩体								
11		主要控矿构造	受北西—北西西向断裂和变质的中基性火山岩共同控制。矿体展布于铜峪向斜的核部近北翼,宝鸡岩体北缘凸出部位								
12		成矿时代	晋宁期								
13		矿体形态产状	层状、似层状产出,总体走向 120°～140°,倾向北东,倾角 30°～50°								
14		矿石工业类型	黄铜矿矿石								
15		矿石矿物	金属矿物主要有黄铜矿、黄铁矿、磁黄铁矿,次为斑铜矿、闪锌矿、磁铁矿、辉铜矿;脉石矿物主要有石英、斜长石、阳起石、角闪石、绿泥石,次有透辉石等								
16		围岩蚀变	透辉石化、石榴子石化、硅化、阳起石化、绿帘石化、绿泥石化、黄铁矿化、碳酸盐化、黄铜矿化								
17		矿床规模	小型,储量 7.288×10^4 t								
18		剥蚀程度	较浅								
19	所属区域地球化学异常特征	成矿元素组合	主成矿元素:Cu;伴生元素:Pb、Zn、Sn、As、Sb、Bi								
20		地球化学景观	半湿润的中低山森林区								
21		元素	面积(km^2)	最大值	平均值	异常下限	标准差	富集系数	变异系数	成矿有利度	分带特征
22		Cu	45.86	163.33	44.94	37	36.47	1.27	1.4	44.30	内、中、外带
23		Pb	11.182	72.00	53.68	46.5	13.40	0.35	0.6	15.47	中、外带
24		Zn	35.12	304.0	180.78	130	70.67	0.68	0.8	98.27	内、中、外带
25		Sn	54.7	3.70	3.54	3.3	0.12	0.04	0.8	0.13	内、中、外带
26		As	59.6	15.00	13.29	120	1.39	0.17	1.2	0.15	外带
27		Bi	119.992	1.47	0.58	0.48	0.21	0.55	0.9	0.25	内、中、外带
	其他	成矿率(V)	Cu:0.36%								

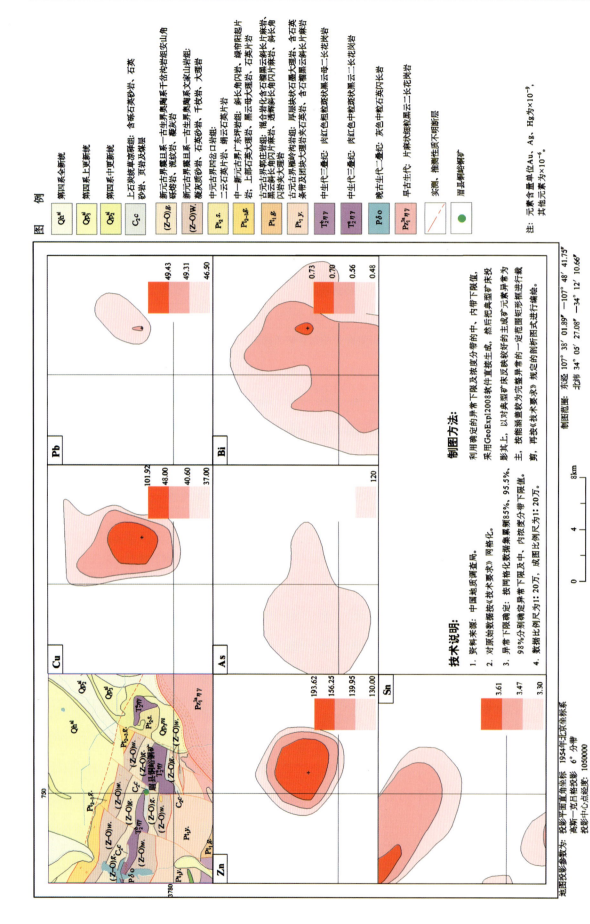

图 3.1 陕西省眉县铜峪铜矿床 1:25 万区域地球化学异常剖析图

表 3.2 陕西省山阳县小河口铜矿床主要地质、地球化学特征

序号	分类	分项名称	分项描述							
1	基本信息	矿床名称	陕西省山阳县小河口铜矿床							
2		行政隶属	陕西省山阳县小河口							
3		经度	109°38′35″							
4		纬度	33°35′35″							
5	地质特征	大地构造位置	Ⅳ$_9^3$ 南秦岭弧盆系-刘岭前陆盆地							
6		成矿区(带)	Ⅲ-66 东秦岭金、银、钼、铜、铅、锌、锑、非金属成矿带							
7		成矿系列	印支期—燕山期与中酸性—酸性岩有关的钼、钨、铁、铜、金矿床成矿系列							
8		矿床类型	矽卡岩型							
9		赋矿地层(建造)	青石垭组上段($D_{2-3}q^2$)、桐峪寺组下段(D_3ty^1)、桐峪寺组中段(D_3ty^2)。为碎屑岩-碳酸盐岩沉积建造							
10		矿区岩浆岩	三叠纪花岗斑岩							
11		主要控矿构造	岩体与地层的内外接触带中的裂隙							
12		成矿时代	燕山期							
13		矿体形态产状	矿体形态呈似层状和透镜状							
14		矿石工业类型	黄铜矿矿石							
15		矿石矿物	主要金属矿物有黄铜矿、黄铁矿、磁黄铁矿、斑铜矿、辉铜矿、辉钼矿、孔雀石;脉石矿物主要有石榴子石、阳起石、透辉石、绿帘石、石英、方解石、绿泥石等							
16		围岩蚀变	主要为矽卡岩化,其次有硅化、绿帘石化、绿泥石化、碳酸盐化、透闪石、阳起石化							
17		矿床规模	小型,储量 0.758 8×10^4 t							
18		剥蚀程度	较浅,中等							
19	所属区域地球化学异常特征	成矿元素组合	主成矿元素:Cu;伴生元素:Pb、Ag、Zn、As、Sb、Au、Bi							
20		地球化学景观	湿润的中低山森林区							
21		元素	面积(km²)	最大值	平均值	异常下限	标准差	富集系数	变异系数	成矿有利度	分带特征
22		Cu	68.51	237.5	57.36	37	59.98	1.99	1.05	92.99	内、中、外带
23		Pb	65.88	996.4	108.97	46.5	108.97	2.81	1.00	255.36	内、中、外带
24		Ag	51.35	3.55	0.43	142.3	0.95	0.00	2.21	0.00	内、中、外带
25		Zn	31.38	250	184.75	130	48.46	1.78	0.26	68.87	内、中、外带
26		As	50.92	98.33	18.9	12	23.45	2.24	1.24	36.93	内、中、外带
27		Sb	98.99	24.4	3.23	1.49	5	3.11	1.55	10.84	内、中、外带
28		Au	56.24	9.67	3.37	2.43	2.5	2.36	0.74	3.47	外带
29		Bi	18.86	1.9	0.69	0.48	0.56	1.82	0.81	0.81	内、中、外带
	其他	成矿率(V)	Cu:0.012%							

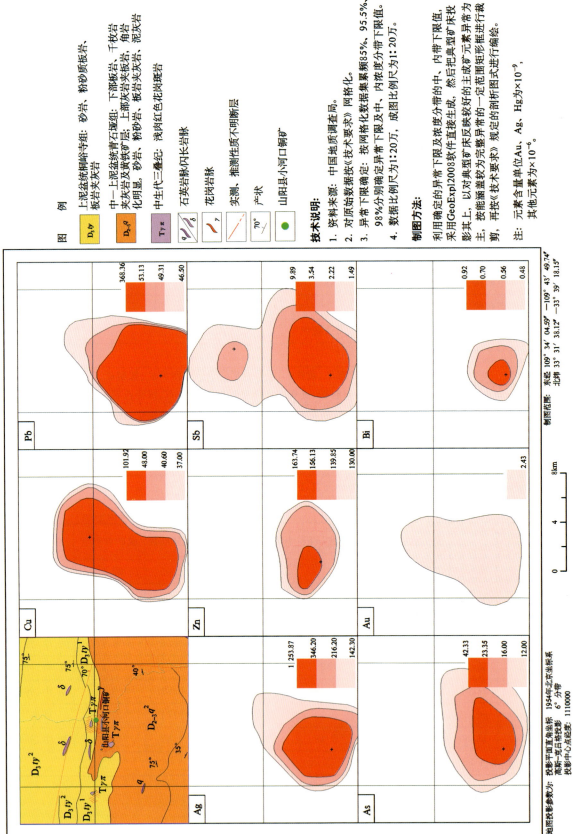

图 3.2 陕西省山阳县小河口铜矿区域地球化学异常剖析图

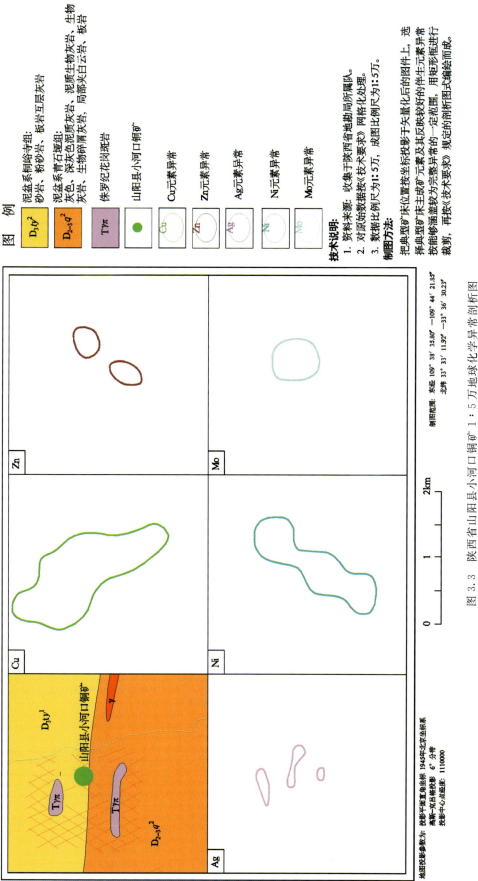

图 3.3 陕西省山阳县小河口铜矿 1:5 万地球化学异常剖析图

表 3.3 陕西省略阳县铜厂铜矿床主要地质、地球化学特征

序号	分类	分项名称	分项描述								
1	基本信息	矿床名称	陕西省略阳县铜厂铜矿床								
2		行政隶属	陕西省略阳县铜厂								
3		经度	106°21′00″								
4		纬度	33°11′55″								
5	地质特征	大地构造位置	$Ⅶ_1^1$ 摩天岭古陆块-碧口-陈家坝洋岛弧盆地								
6		成矿区（带）	Ⅲ-73 龙门山-大巴山（台缘坳陷）铁、铜、铅、锌、锰、钒、磷、硫、重晶石、铝土矿成矿带（Pt_1,Z_1d,ϵ_1,P_1,P_2,Mz）								
7		成矿系列	与元古宙中性—酸性岩有关的铁铜矿床成矿系列								
8		矿床类型	沉积-改造型								
9		赋矿地层（建造）	中新元古界碧口群郭家沟组（$Pt_{2-3}g$）和震旦系接官亭组（Z_2j）								
10		矿区岩浆岩	加里东期石英闪长岩、黑云斜长花岗岩、混染闪长岩								
11		主要控矿构造	古火山构造与片理化带和断裂带								
12		成矿时代	印支期								
13		矿体形态产状	呈层状、透镜状、脉状								
14		矿石工业类型	黄铜矿矿石								
15		矿石矿物	黄铜矿、黄铁矿、磁黄铁矿，次为斑铜矿、闪锌矿、磁铁矿、辉铜矿等；脉石矿物为石英、斜长石、阳起石、角闪石、绿泥石								
16		围岩蚀变	角岩化、透闪石化、白云岩化								
17		矿床规模	中型，储量 $10.3310×10^4$ t								
18		剥蚀程度	浅剥蚀								
19	所属区域地球化学异常特征	成矿元素组合	主成矿元素：Cu；伴生元素：Ag、As、Au、Hg、Zn								
20		地球化学景观	湿润的中低山森林区								
21		元素	面积（km²）	最大值	平均值	异常下限	标准差	富集系数	变异系数	成矿有利度	分带特征
22		Ag	18.01	0.83	0.23	142.3	0.30	2.23	1.30	0.00	内、中、外带
23		As	103.98	50.42	19.02	12	12.53	2.26	0.66	19.86	内、中、外带
24		Au	184.85	43.33	6.62	2.43	8.59	4.63	1.30	23.40	内、中、外带
25		Cu1	24.26	137.50	65.26	37	38.22	2.27	0.59	67.41	内、中、外带
26		Cu2	19.70	95.83	59.56	37	33.70	2.07	0.57	54.25	内、中、外带
27		Hg	55.08	0.46	0.12	80	0.10	2.55	0.83	0.00	内、中、外带
28		Zn	42.92	346.00	174.79	130	97.43	1.68	0.56	131.00	内、中、外带
其他		成矿率（V）	Cu1：0.63%，Cu2：0.97%								

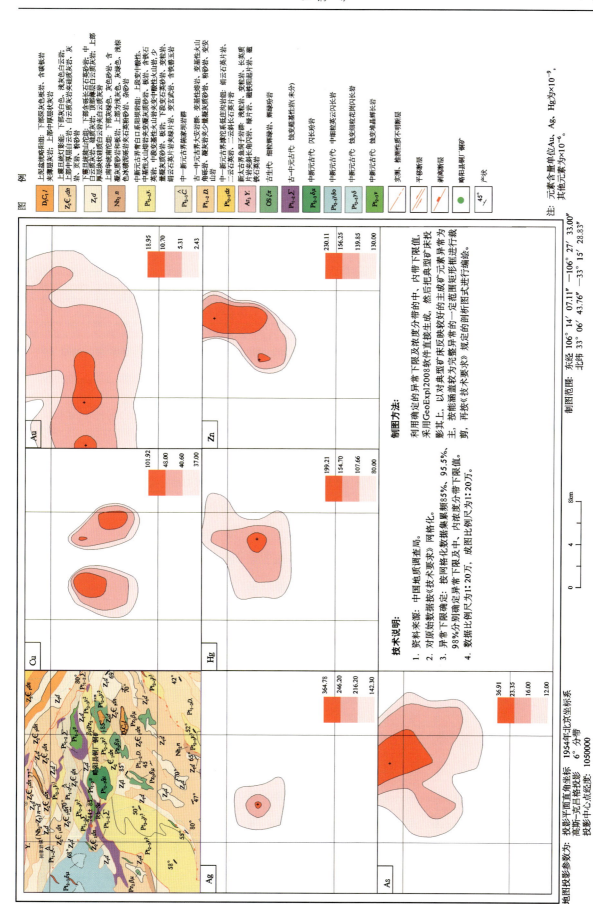

图 3.4 陕西省略阳县铜厂铜矿区域地球化学异常剖析图

表 3.4 甘肃省白银厂铜矿主要地质、地球化学特征

序号	分类	分项名称	分项描述								
1	基本信息	矿床名称	甘肃省白银厂铜矿								
2		行政隶属	甘肃省白银市								
3		经度	104°14′00″								
4		纬度	36°38′06″								
5	地质特征	大地构造位置	秦祁昆造山系,北祁连弧盆系,走廊南山岛弧								
6		成矿区(带)	Ⅲ-21 北祁连铜、铅、锌、铁、铬、金、银、硫铁矿、石棉成矿带(Pt_2,Pt_3—Pz_1)								
7		成矿系列	北祁连东段早古生代(寒武纪)与岛弧火山岩建造有关的铜、铅、锌、金、银、铁、锰矿床成矿系列								
8		矿床类型	海相火山岩型								
9		赋矿地层(建造)	矿区位于石青铜-白银厂火山岩带东段,主要赋矿地层为下中寒武统白银厂群($\in_{1-2} B.$)								
10		矿区岩浆岩	矿区无侵入岩,但火山岩比较发育,基性—酸性岩均有出露,酸性火山岩与矿化关系密切								
11		主要控矿构造	主要为断裂构造,按其产态主要有北西西向、北北东—北东向及北东东向 3 组,其中北西西向组呈 280°～315°方向展布,北北东组呈 10°～45°方向展布,北东东向组呈 45°～80°方向展布								
12		成矿时代	中寒武世								
13		矿体形态产状	矿体形态有脉状、网脉状、筒状、扁豆状、透镜状、瘤状、"墨斗鱼"状、板状等;矿筒和矿柱是本矿床中有特征性的矿体形态								
14		矿石工业类型	主要为块状和浸染状含铜黄铁矿矿石								
15		矿石矿物	主要有黄铁矿、黄铜矿,其次有闪锌矿、方铅矿等								
16		围岩蚀变	主要的蚀变有绿泥石化、绢云母化、硅化、碳酸盐化、黄铁矿化								
17		矿床规模	129.8×10⁴ t								
18		剥蚀程度	中—浅剥蚀								
19	所属区域地球化学异常特征	成矿元素组合	成矿元素:Cu、Pb、Zn;伴生元素:Mo、Ag、Cd、As、Au、Bi、Sn 等								
20		地球化学景观	陇西半干旱中低山丘陵区								
21		元素(氧化物)	面积(km^2)	最大值	平均值	异常下限	标准差	富集系数	变异系数	成矿有利度	分带特征
22		Cu	305.43	1435.7	81.32	44.9	161.4	3.36	1.98	292.32	内、中、外带
23		Pb	274.77	912.2	114.4	33.9	163.37	5.77	1.43	551.31	内、中、外带
24		Zn	252.78	1 013.4	209.59	94.1	223.04	3.59	1.06	496.78	内、中、外带
25		Ag	185.25	798	222.3	98.4	205.13	3.78	0.92	463.42	内、中、外带
26		Bi	260.31	7.6	1.22	0.6	1.4	3.81	1.15	2.85	内、中、外带
27		Hg	243	1 267	171.59	32.9	293	7.96	1.71	1 528.14	内、中、外带
28		Cd	312.02	7	1.16	0.3	1.56	9.90	1.34	6.03	内、中、外带
29		Au	54.47	13	5.18	3.3	3.42	2.75	0.66	5.37	中、外带
30		As	218.83	45.8	20.89	14.8	7.49	2.03	0.36	10.57	中、外带
31		Mo	195.18	3.5	1.78	1.2	0.78	2.15	0.44	1.16	中、外带
32		Sn	57.09	6.8	4.12	3.3	1.21	1.75	0.29	1.51	内、中、外带
33		Fe_2O_3	210.8	7.84	5.88	5.3	0.81	1.44	0.14	0.90	内、中、外带
34		Co	102.71	23.7	17.9	14.4	3.97	1.55	0.22	4.93	内、中、外带
35		Al_2O_3	149.29	14.86	12.79	11.8	0.93	1.16	0.07	1.01	内、中、外带
	其他	成矿率(V)	Cu:0.15%								

3. 铜 矿

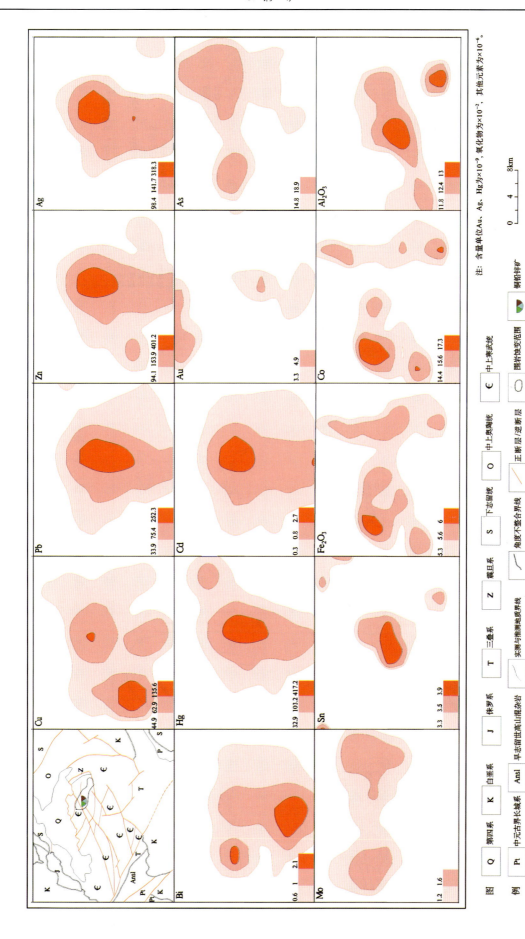

图 3.5 甘肃省白银厂铜矿区域地球化学异常剖析图

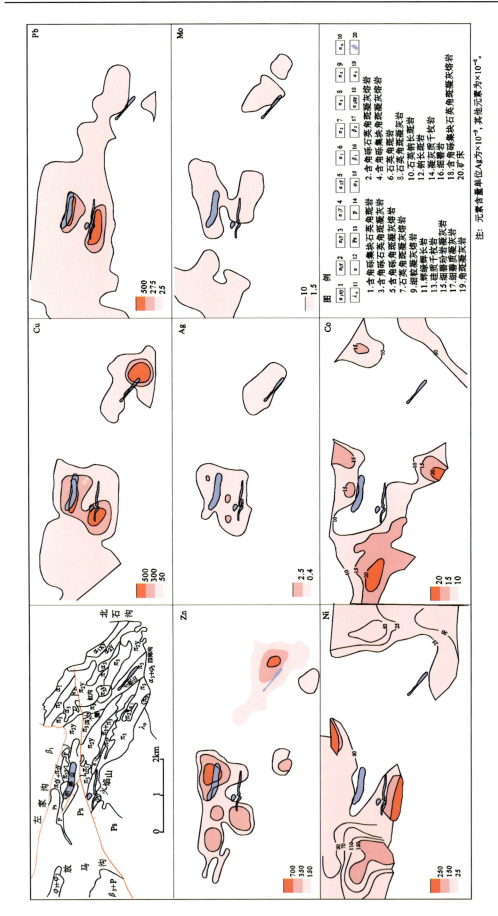

图 3.6 甘肃省白银厂铜矿原生晕异常剖析图

岩石地球化学特征 1:1万岩石地球化学测量结果显示,各元素高背景区主要分布在矿田区及其附近的大陡楼沟、铜厂沟(小铁山)、北石沟一带,这些高背景区大多数与已知矿体、矿化带对应,井与地层、火山岩关系密切。折腰山—火焰山一带,Cu、Pb、Zn、Ag、Mo 元素组合异常总体走向近东西,其中 Cu、Pb、Zn、Ag、Mo 三元素齐内、中、外 3 个浓度分带齐全,异常主要为矿体和矿化围岩引起。四个圈—铜厂沟(小铁山)一带,Cu、Pb、Zn、Ag、Mo 元素组合异常分布在四个圈、铜厂沟附近及其之间,各元素浓集中心在铜厂沟矿床上,Cu、Zn 元素浓集中心不在已知矿体上,Ni、Co 元素异常分布地带。在上述两个组合元素异常 Pb、Ag、Mo 元素在西侧,四个圈矿上只有 Pb、Zn 元素异常。Pb、Ag、Mo 元素在西侧,四个圈矿上只有 Pb、Zn 元素异常。

表 3.5 青海省兴海县铜峪沟海相火山岩型铜矿主要地质、地球化学特征

序号	分类	分项名称	分项描述							
1	基本信息	矿床名称	青海省兴海县铜峪沟海相火山岩型铜矿床							
2		行政隶属	青海省兴海县							
3		经度	99°43′12″							
4		纬度	35°20′24″							
5	地质特征	大地构造位置	秦祁昆造山系-秦岭弧盆系-泽库前陆盆地							
6		成矿区(带)	Ⅲ-28 西秦岭铅、锌、铜(铁)、金、汞、锑成矿带							
7		成矿系列	与海相火山喷流-沉积作用有关的矿床成矿系列							
8		矿床类型	海相火山岩型铜矿床							
9		赋矿地层(建造)	中二叠世灰岩建造、含蛇绿岩碎片浊积岩建造、火山岩建造、基性—超基性岩建造、砂岩建造、流纹岩建造							
10		矿区岩浆岩	未见规模较大岩体,见有花岗闪长岩、闪长岩等岩脉,其次在地层中见有基性次火山岩							
11		主要控矿构造	断裂							
12		成矿时代	印支期							
13		矿体形态产状	矿体形态以似层状、透镜状、层状为主,个别有分枝复合、尖灭再现现象。矿体产状:矿体总体倾向南,个别倾向南西,倾角10°~25°,与地层同步发生褶皱							
14		矿石工业类型	铜矿石							
15		矿石矿物	主要为黄铜矿、磁黄铁矿,次为黄铁矿、闪锌矿、白铁矿,少量斑铜矿、硫铋铜矿;偶见辉钼矿、辉铜矿、黝铜矿、锡石、白钨矿							
16		围岩蚀变	围岩蚀变主要为矽卡岩化,形成的岩石有透辉石矽卡岩、石榴透辉矽卡岩等,次有绿帘石化、绿泥石化、绿帘石化、绢云母化、碳酸盐化、角岩化、硅化							
17		矿床规模	铜:大型,铜 544 983t(截至 2003 年)(平均品位:Cu 0.30%~3.89%)							
18		剥蚀程度	中—浅剥蚀							
19	所属区域地球化学异常特征	成矿元素组合	成矿元素:Cu;伴生元素:Sn、Ag、Bi、As、Cd、Cr							
20		地球化学景观	江河源浅切割原面低山丘陵半干旱草原亚区							
21		元素	面积(km²)	最大值	平均值	异常下限	标准差	富集系数	变异系数	成矿有利度	分带特征
22		Cu	144	55.96	38.49	27	32.44	1.95	0.84	46.25	内、中、外带
23		Sn	160	18.16	7.84	4	10.77	2.82	1.37	21.11	内、中、外带
24		Ag	80	0.81	0.27	100	0.14	4.5	0.52	0.00	内、中、外带
25		Bi	96	1.4	0.84	0.5	1.54	2.63	1.83	2.59	内、中、外带
26		As	80	52.54	36.8	22	41.48	3.13	1.13	69.38	中、外带
27		Cd	64	0.45	0.37	0.2	0.41	2.18	1.11	0.76	内、中、外带
28		Cr	80	103.07	86.89	76	22.6	1.83	0.26	25.84	外带
其他		成矿率(V)	Cu:0.82%							

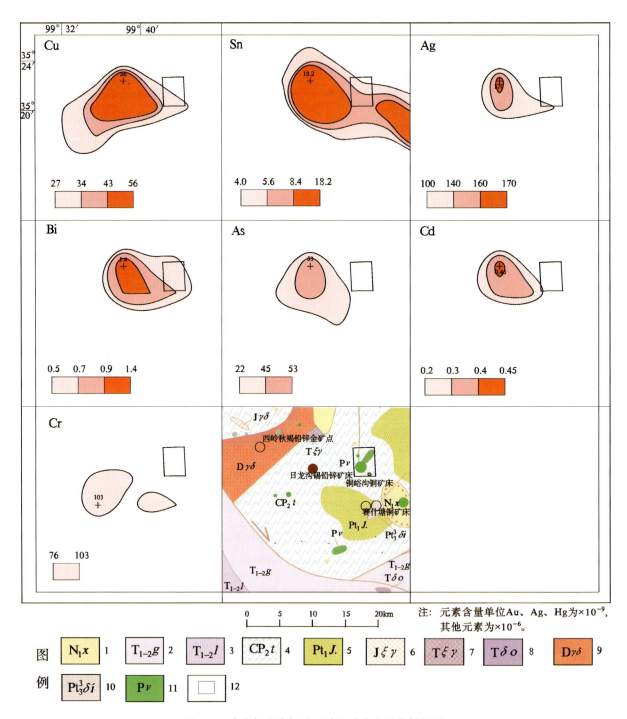

图 3.7 青海铜峪沟铜矿区域地球化学异常剖析图

1.中新统咸水河组:泥岩夹砾岩、砂砾岩、石膏;2.三叠系古浪堤组:杂砂岩夹砾岩、灰岩;3.三叠系隆务河组:碎屑岩夹灰岩、局部火山岩;4.石炭系—二叠系土尔根大坂组:碎屑岩夹中基性火山岩、灰岩;5.古元古界金水口岩群:片麻岩、斜长角闪岩、混合岩、大理岩;6.侏罗纪正长花岗岩;7.三叠纪正长花岗岩;8.三叠纪石英闪长岩;9.泥盆纪花岗闪长岩;10.震旦纪英云闪长岩;11.二叠纪基性岩;12.典型矿床范围

附表 青海铜峪沟铜矿 1∶5 万地球化学特征

序号	元素	面积	最大值	平均值	标准差	富集系数	变异系数	成矿有利度	分带特征
1	Cu	9.99	3 145.74	281.89	725.67	14.29	2.57	36.8	内、中、外带
2	Sn	40.26	104.83	16.56	22.89	5.96	1.38	8.23	内、中、外带
3	Pb	15.88	746.35	101.83	130.36	4.78	1.28	6.12	内、中、外带
4	Zn	20.42	429.45	130.56	69.34	2.43	0.53	1.29	中、外带
5	Ag	35.38	3 047.43	364.24	584.1	6.07	1.6	9.74	内、中、外带
6	Bi	12.01	88.07	8.99	26.85	28.09	2.99	83.91	内、中、外带
7	As	43.06	2 638.12	90.4	307.39	7.69	3.4	26.14	内、中、外带
8	Cd	30.79	3.27	0.66	1.03	3.88	1.56	6.06	内、中、外带
9	Cr	163.49	328.46	110.89	41.36	2.34	0.37	0.87	中、外带
10	Au	204.18	22.36	6	5.95	4.26	0.99	4.22	内、中、外带
11	Mn	34.77	1 624.67	1 148.71	362.31	2.09	0.32	0.66	中、外带
12	Ni	37.91	111.5	64.61	17.31	3.24	0.27	0.87	外带
13	Sb	56.07	15.63	5.41	1.83	7.31	0.34	2.47	中、外带
14	W	15.04	32.43	7.68	14.67	4.8	1.91	9.17	内、中、外带

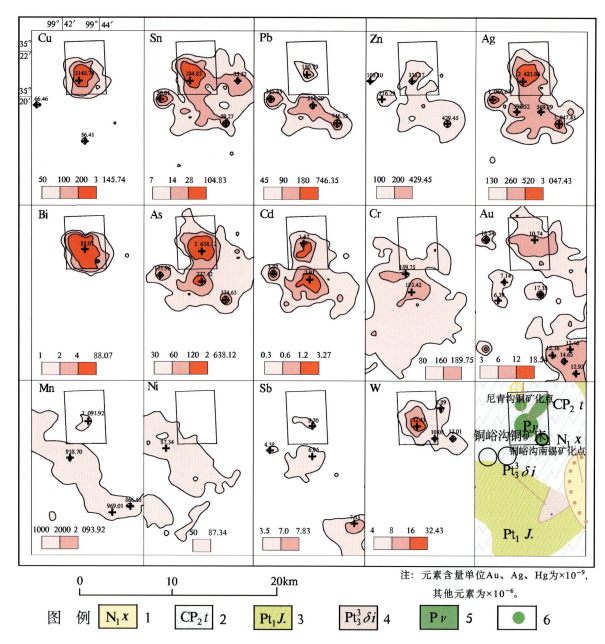

图 3.8 青海铜峪沟铜矿 1∶5 万地球化学异常剖析图

1.中新统咸水河组:泥岩夹砾岩、砂砾岩、石膏;2.石炭系—二叠系土尔根大坂组:碎屑岩夹中基性火山岩、灰岩;3.古元古界金水口岩群:片麻岩、斜长角闪岩、混合岩、大理岩;4.震旦纪英云闪长岩;5.二叠纪基性岩;6.铜矿床(点)

表3.6 青海省纳日贡玛斑岩型铜矿主要地质、地球化学特征

序号	分类	分项名称	分项描述							
1	基本信息	矿床名称	纳日贡玛斑岩型铜矿床							
2		行政隶属	青海省杂多县							
3		经度	94°45′00″							
4		纬度	33°30′36″							
5	地质特征	大地构造位置	处于欧亚大陆南缘、扬子古陆西缘，班公湖-怒江缝合带北侧、金沙江缝合带以南的古特提斯构造域的唐古拉微陆块，二级构造单元为杂多晚古生代开心岭-杂多复合弧盆带中							
6		成矿区（带）	Ⅲ-36 昌都-普洱（地块/造山带）铜、铅、锌、银、金、铁、汞、锑、石膏、菱镁矿、盐类成矿带							
7		成矿系列	与构造-岩浆作用有关的斑岩型铜矿床成矿系列							
8		矿床类型	斑岩型铜矿							
9		赋矿地层（建造）	主要为石炭系—三叠系及岩体与地层的接触带							
10		矿区岩浆岩	黑云母花岗斑岩、细粒花岗斑岩、闪长玢岩（少）							
11		主要控矿构造	褶皱、断裂							
12		成矿时代	喜马拉雅期（40.8±0.4Ma）							
13		矿体形态产状	矿体形态不规则状、似层状、透镜状等；矿体产状倾向北西西约297°，倾角10°～21°							
14		矿石工业类型	铜矿石，氧化矿石							
15		矿石矿物	矿石中主要金属矿物除辉钼矿外，还有黄铜矿、方黄铜矿、斑铜矿、黄铁矿、磁黄铁矿、方铅矿、闪锌矿、自然金、褐铁矿、辉铜矿等							
16		围岩蚀变	主要蚀变有黑云母化、硅化、绢云母化、黏土化、碳酸盐化、矽卡岩化等							
17		矿床规模	铜：中型，44.30×10⁴t；钼：大型，23.55×10⁴t（平均品位：Cu 0.32%，Mo 0.061%）							
18		剥蚀程度	中—浅剥蚀							
19	所属区域地球化学异常特征	成矿元素组合	成矿元素：Cu、Mo；伴生元素：Ag、W、Bi、Pb、Zn、Sb、Cd							
20		地球化学景观	通天河-黄河上游中深切割高寒山地半湿润草甸亚区							
21		元素	面积（km²）	最大值	平均值	异常下限	标准差	富集系数	变异系数	成矿有利度	分带特征
22		Cu	1 296	694.67	77.27	31	89.3	3.76	1.16	222.6	内、中、外带
23		Mo	688	47.29	8.27	2.2	19.19	10.34	2.32	72.14	内、中、外带
24		Ag	1 088	0.84	0.31	130	0.29	3.88	0.94	0.00	内、中、外带
25		W	960	25.71	6.89	2.5	11.06	3.55	1.61	30.48	内、中、外带
26		Bi	992	5.71	1.35	0.57	1.92	3.97	1.42	4.55	内、中、外带
27		Pb	976	85.55	48.78	28	30.6	1.24	0.63	53.31	内、中、外带
28		Zn	960	203.85	131.39	78	72.18	1.75	0.55	121.6	内、中、外带
29		Sb	608	14.57	3.87	1.7	5.99	2.78	1.55	13.64	内、中、外带
30		Cd	832	1.05	0.58	0.4	0.4	2.42	0.69	0.58	内、中、外带
31		Ba	880	3 107.67	594.55	450	399.64	1.01	0.67	528	内、中、外带
其他		成矿率（V）	Cu：0.015%							

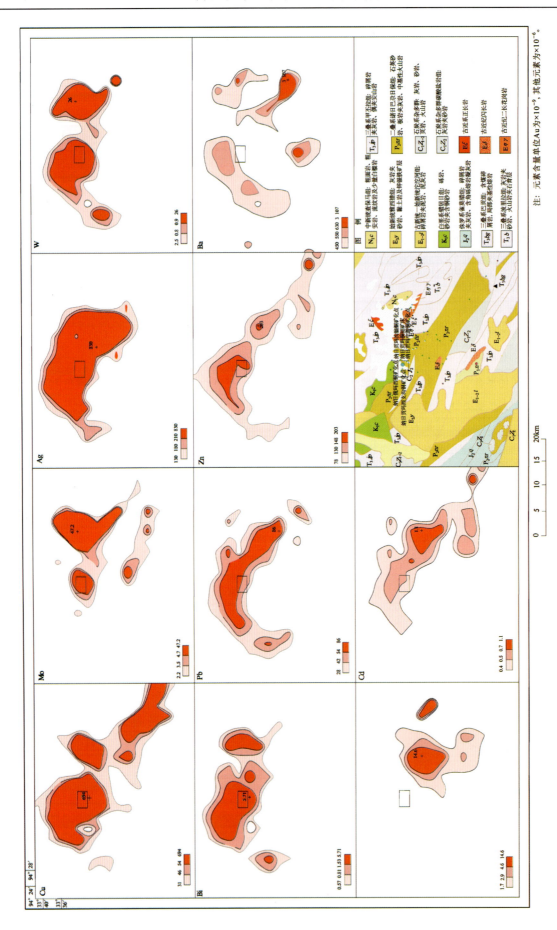

图 3.9　青海省纳日贡玛铜钼矿区域地球化学异常剖析图

附表 青海省纳日贡玛铜钼矿1∶5万地球化学特征

序号	元素	面积(km²)	最大值	平均值	异常下限	标准差	富集系数	变异系数	成矿有利度	分带特征
1	Cu	158.05	1 752.29	176.77	60	681.49	8.6	3.86	2 007.78	内、中、外带
2	Mo	11.91	186.78	34.53	4	52.4	43.16	1.52	452.34	内、中、外带
3	Ag	572.06	3 090.28	444.69	140	717.18	5.56	1.61	2 278.02	内、中、外带
4	W	107.15	198.26	18.95	4	72.35	9.77	3.82	342.76	内、中、外带
5	Bi	84.39	78.47	7.82	1	24.14	23	3.09	188.77	内、中、外带
6	Pb	45.13	3 119.37	288.99	60	59.08	7.34	0.2	284.56	内、中、外带
7	Zn	41.28	1 681.11	499.7	200	33.53	6.65	0.07	83.77	内、中、外带
8	Sn	10.81	12.67	7.68	4	3.87	3.3	0.5	7.43	中、外带
其他	成矿率(V)				Cu:630.67;Mo:17.5					
	成矿元素组合				Cu、Mo、Ag、W、Bi、Pb、Zn、Sn					

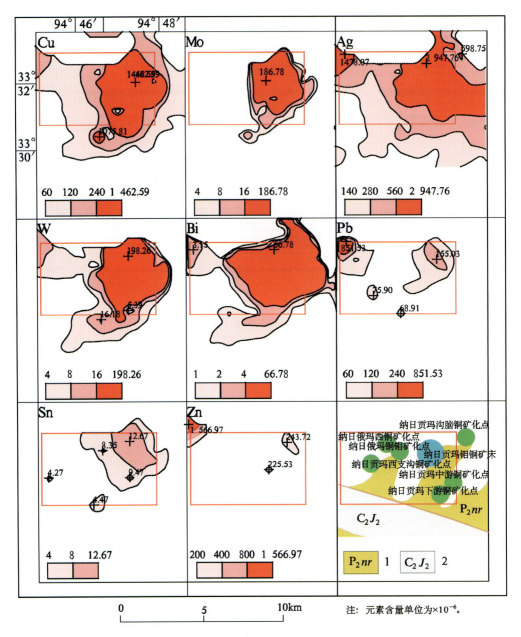

图 3.10 青海省纳日贡玛铜钼矿 1:5 万地球化学异常剖析图
1.二叠系诺日巴尕日保组:石英砂岩、板岩夹夹岩、中基性火山岩;2.石炭系加麦弄群灰岩组:结晶灰岩

表3.7 青海省卡尔却卡矽卡岩型铜(钼)矿主要地质、地球化学特征

序号	分类	分项名称	分项描述							
1	基本信息	矿床名称	卡尔却卡矽卡岩型铜(钼)矿床							
2		行政隶属	青海省格尔木市乌图美仁乡							
3		经度	91°01′48″							
4		纬度	36°47′24″							
5	地质特征	大地构造位置	东昆仑弧盆系,北昆仑岩浆弧							
6		成矿区(带)	Ⅲ-26 东昆仑(造山带)铁、铅、锌、铜、钴、金、钨、锡、钒、钛、盐类矿带(Pt,O,C,P,Q)							
7		成矿系列	与火山-沉积作用相关的矽卡岩型铜矿床成矿系列							
8		矿床类型	矽卡岩型铜钼金属矿床							
9		赋矿地层(建造)	寒武纪—奥陶纪碳酸盐岩建造							
10		矿区岩浆岩	花岗闪长岩、闪长岩							
11		主要控矿构造	断裂							
12		成矿时代	中生代晚三叠世(Re-Os 同位素定年分析,成矿年龄 241.1~228.6Ma)							
13		矿体形态产状	矿体形态为透镜状、长条状。矿体产状:倾向南南西,倾角60°~85°,一般在75°左右							
14		矿石工业类型	铜矿石							
15		矿石矿物	矿石矿物有:黄铜矿、斑铜矿、辉铜矿、黝铜矿、赤铜矿、铜蓝、黄铁矿、磁铁矿、针铁矿、闪锌矿、方铅矿、赤铁矿、硬锰矿、辉钼矿、磁黄铁矿、褐钇铌矿							
16		围岩蚀变	蚀变矿物主要有:透辉石、石英、钾长石、斜长石、绢云母、石榴子石、透闪石、蛇纹石、滑石、阳起石、方解石、绿帘石、白云石、方解石、硅灰石							
17		矿床规模	铜:中型,2 811.3×10⁴t;锌:中型,346.55×10⁴t;钼:中型,1 293.7×10⁴t(平均品位:Cu 1.33%,Zn 2.90%,Mo 0.16%)							
18		剥蚀程度	中—浅剥蚀							
19		成矿元素组合	成矿元素:Cu、Mo;伴生元素:Ag、Sn							
20		地球化学景观	柴达木盆地南缘中深切割山地岩漠-草原-草甸(寒漠)地带							
21	所属区域地球化学异常特征	元素	面积(km²)	最大值	平均值	异常下限	标准差	富集系数	变异系数	成矿有利度	分带特征
22		Cu	96	65.49	48.33	27.41	46.91	2.45	0.97	82.71	内、中、外带
23		Mo	176	1.71	1.22	1.04	1.2	1.58	0.98	1.41	中、外带
24		Ag	128	0.1	0.09	0.08	0.07	1.5	0.78	0.08	中、外带
25		Sn	112	6.07	5.22	4.21	2.02	1.88	0.39	2.50	中、外带
其他		成矿率(V)	Cu:35.41%							

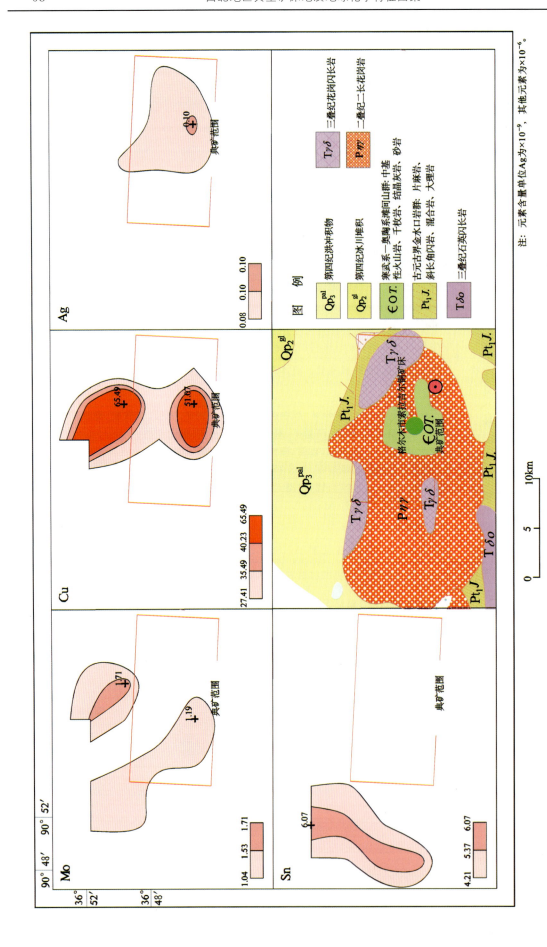

图 3.11 青海省卡尔却卡铜(钼)矿区域地球化学异常剖析图

表 3.8 新疆维吾尔自治区哈密市土屋-延东铜矿主要地质、地球化学特征

序号	分类	分项名称	分项描述							
1	基本信息	矿床名称	新疆维吾尔自治区哈密市土屋-延东铜矿							
2		行政隶属	新疆维吾尔自治区哈密市土屋-延东							
3		经度	92°32′00″							
4		纬度	42°05′00″							
5	地质特征	大地构造位置	位于哈萨克斯坦-准噶尔板块巴尔喀什-准噶尔-吐哈古陆的觉罗塔格裂陷槽中段北缘,处在康古尔大断裂北侧,康古尔-黄山韧性剪切带的北部边缘影响带中							
6		成矿区(带)	Ⅲ-8 觉罗塔格-黑鹰山铜、镍、铁、金、银、钼、钨、石膏、硅灰石、膨润土、煤成矿带							
7		成矿系列	与深源中酸性岩浆活动有关的铜多金属成矿系列							
8		矿床类型	斑岩型铜矿床							
9		赋矿地层(建造)	石炭系企鹅山组(Cq)火山-沉积岩系							
10		矿区岩浆岩	闪长玢岩体和斜长花岗斑岩体组成的复合岩体							
11		主要控矿构造	北西向韧性断裂							
12		成矿时代	海西晚期(早二叠世)							
13		矿体形态产状	原生矿体隐伏于地下,倾向南,倾角60°～80°							
14		矿石工业类型	铜矿石							
15		矿石矿物	以黄铜矿、黄铁矿为主,其次有斑铜矿、辉钼矿、磁铁矿等							
16		围岩蚀变	自矿体中心向两侧可划分出强硅化带、黑云母化带、石英-绢云母化带、绢云母(泥化、石膏化)-青磐岩化带。黑云母化带基本分布在主矿体内部							
17		矿床规模	$473.1×10^4$ t(Cu:0.2%～0.49%)							
18		剥蚀程度	浅剥蚀							
19	所属区域地球化学异常特征	成矿元素组合	成矿元素:Cu;伴生元素:Mo(Bi)、Au、Ag等(As、Sb、Bi、Pb、Cd、Zn分布在铜矿体的中部)							
20		地球化学景观	干旱剥蚀石质戈壁区							
21		元素(氧化物)	面积(km²)	最大值	平均值	异常下限	标准差	富集系数	变异系数	成矿有利度	分带特征
22		Cu	35.49	69.3	51.655 6	60	9.545	2.299	0.185	8.22	内、中、外带
23		Mo	73.25	1.8	1.281 18	1.8	0.229	1.175	0.179	0.16	内、中、外带
24		Au	1.83	1.7	1.7	2	0	1.03	0	0.00	外带
25		Sn	5.79	3.15	3.15	3	0	1.667	0	0.00	内、中、外带
26		Cr	13.58	60.1	53.466 7	100	6.915	1.426	0.129	3.70	外带
27		Ni	24.73	40	31.28	50	6.254	1.854	0.2	3.91	内、中、外带
28		Co	13.46	22	17.05	21	3.307	1.933	0.194	2.68	内、中、外带
29		Fe₂O₃	12.22	7.52	7.21	5.2	0.326	2.031	0.045	0.45	内、中、外带
	其他	成矿率(V)	Cu:162.17%							

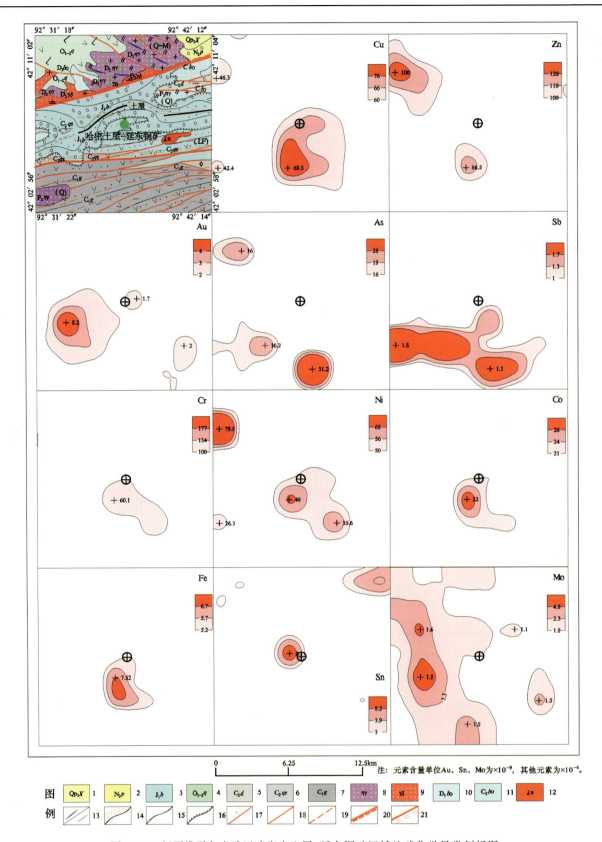

图 3.12 新疆维吾尔自治区哈密市土屋-延东铜矿区域地球化学异常剖析图

1.第四系上更新统新疆群;2.上新统葡萄沟组;3.下侏罗统八道湾组;4.奥陶系恰干布拉克组;5.上石炭统底坎尔组;6.上石炭统脐山组;7.下石炭统干墩岩组;8.二长花岗岩;9.花岗闪长岩;10.泥盆纪石英闪长岩;11.石炭纪石英闪长岩;12.次火山岩流纹斑岩;13.中性岩脉/基性岩脉;14.角岩化;15.实测地质界线;16.实测不整合界线;17.逆断层;18.性质不明断层;19.推测断层;20.区域性大断裂;21.区域性深大断裂

表 3.9 新疆维吾尔自治区青河县哈腊苏铜矿主要地质、地球化学特征

序号	分类	分项名称	分项描述								
1	基本信息	矿床名称	新疆维吾尔自治区青河县哈腊苏铜矿								
2		行政隶属	新疆维吾尔自治区青河县哈腊苏								
3		经度	90°02′00″								
4		纬度	46°34′00″								
5	地质特征	大地构造位置	位于哈萨克斯坦-准噶尔板块北缘古生代活动陆缘的萨吾尔山晚古生代岛弧带中								
6		成矿区(带)	Ⅲ-3 北准噶尔(沟弧带)铜、镍、钼、金、铁、稀土、煤、膨润土、萤石成矿带(Ce,Ve-m,Vm-l)								
7		成矿系列	与深源中酸性岩浆活动有关的铜多金属成矿系列								
8		矿床类型	斑岩型铜矿床								
9		赋矿地层(建造)	中泥盆统北塔山组(D_2b)第二、第三亚组								
10		矿区岩浆岩	中粒花岗岩、石英闪长岩和闪长岩以及二长岩								
11		主要控矿构造	矿化受花岗闪长斑岩体、石英闪长斑岩控制,岩体分布受卡拉先格尔断裂带控制								
12		成矿时代	中泥盆世晚期								
13		矿体形态产状	不规则脉状、分枝脉状(倾向北东,局部倾向南西,倾角65°～75°)								
14		矿石工业类型	铜矿石								
15		矿石矿物	以黄铜矿、黄铁矿、磁铁矿为主,斑铜矿与辉钼矿少量;次生氧化矿物以孔雀石为主,次为蓝铜矿、褐铁矿、黄钾铁矾								
16		围岩蚀变	主要有钾长石化、硅化、绢云母化、黑云母化、绿泥石化、绿帘石化、碳酸盐化等								
17		矿床规模	$45.8×10^4$ t(Cu品位一般 0.2%～0.6%,平均品位 0.35%,最高品位 2.21%)								
18		剥蚀程度	中—浅剥蚀								
19		成矿元素组合	成矿元素:Cu;伴生元素:Mo、Au、Ag、As、Sb 等(Cu、Mo、Au 为内带,Ag、Sb 为中带,As、Bi、Pb、Zn、Sn、W 为外带)								
20		地球化学景观	干旱剥蚀丘陵区								
21	所属区域地球化学异常特征	元素	面积(km²)	最大值	平均值	异常下限	标准差	富集系数	变异系数	成矿有利度	分带特征
22		Cu	54.52	348.4	113.615	60	79.224	3.723	0.697	150.02	内、中、外带
23		Zn	69.24	133	109.095	100	8.52	1.405	0.078	9.29	内、中、外带
24		Ag	34.74	230	158.75	90	52.219	2.018	0.329	92.11	内、中、外带
25		W	99.7	1.84	1.525 22	1.3	0.169	0.541	0.111	0.20	内、中、外带
26		Bi	52.14	1.45	0.337 143	0.3	0.325	0.937	0.964	0.37	内、中、外带
其他		成矿率(V)	Cu:0.56%								

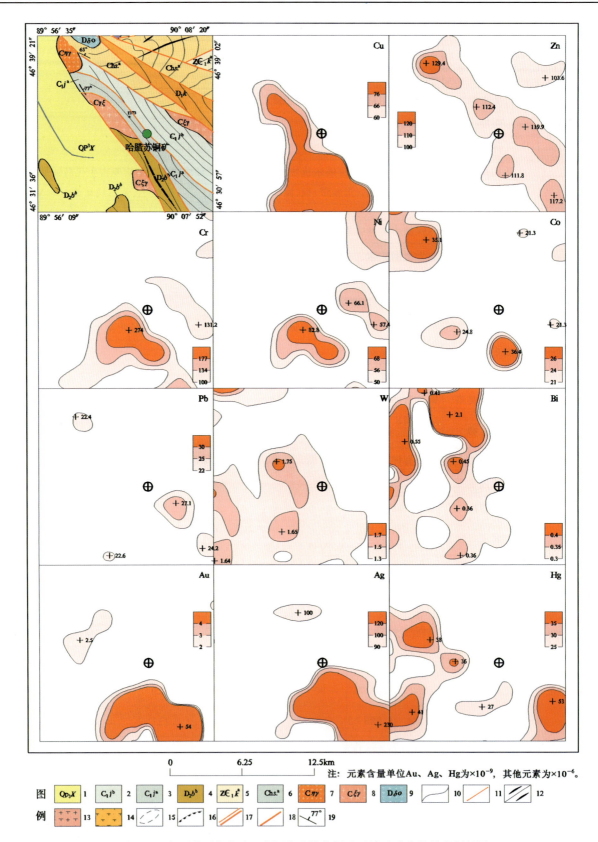

图 3.13 新疆维吾尔自治区青河县哈腊苏铜矿区域地球化学异常剖析图

1.新疆群;2.姜巴斯套组上段;3.姜巴斯套组下段;4.巴尔雷克组;5.喀纳斯群下岩组;6.苏普特岩群下岩组;7.二长花岗岩;8.钾长花岗岩;9.石英闪长岩;10.地质界线;11.断裂;12.背斜构造/向斜构造;13.磁法推断酸性岩;14.磁法推断中基性岩;15.重力推断岩体;16.重力推断地层;17.磁法推断一级断层构造;18.磁法推断三级断层构造;19.产状

表 3.10　新疆维吾尔自治区托里县包古图铜矿主要地质、地球化学特征

序号	分类	分项名称	分项描述							
1	基本信息	矿床名称	新疆维吾尔自治区托里县包古图铜矿							
2		行政隶属	新疆维吾尔自治区托里县包古图							
3		经度	84°26′00″—84°39′00″							
4		纬度	45°25′00″—45°31′00″							
5	地质特征	大地构造位置	位于哈萨克斯坦-准噶尔板块达拉布特-克拉麦里晚古生代残余洋盆							
6		成矿区(带)	Ⅲ-4 唐巴勒-卡拉麦里(复合沟弧带带)铬、铜、钼、金、铁、锰、锡、钨、汞、铀、铍、硫铁矿、石墨、石棉、水晶、明矾石、煤、石油、天然气、油页岩、膨润土、硫铁矿成矿带(Cm—Ve-m,Vm-l,I—Y)							
7		成矿系列	与中酸性岩浆活动有关的铜多金属成矿系列							
8		矿床类型	斑岩型铜、金矿床							
9		赋矿地层(建造)	主要为石炭系希贝库拉斯组(C_1x)、包古图组(C_1b)、太勒古拉组(C_2t)。为一套巨厚的半深海-大陆坡相火山-火山碎屑浊积建造							
10		矿区岩浆岩	以石英闪长岩、花岗闪长斑岩、石英二长斑岩为主,其次有花岗闪长岩、花岗斑岩、黑云母花岗闪长岩等							
11		主要控矿构造	达拉布特深大断裂							
12		成矿时代	富家坞矿床的辉钼矿 Re-Os 加权平均年龄为 170.9±1.1Ma							
13		矿体形态产状	围绕岩体与围岩接触带呈斜楔空心筒状(倾向 320°,倾角 30°～50°)							
14		矿石工业类型	铜金矿石							
15		矿石矿物	黄铁矿、黄铜矿、毒砂、磁黄铁矿、辉钼矿、闪锌矿、辉铜矿、自然铜、赤铜矿、蓝辉铜矿							
16		围岩蚀变	主要有钾化、石英绢云母化、青磐岩化							
17		矿床规模	$67.76×10^4$ t(Cu 最高品位 1.25%,平均品位 0.22～0.33%;Au 最高品位 $1.25×10^{-6}$,平均品位 $0.25×10^{-6}$)							
18		剥蚀程度	中—浅剥蚀							
19	所属区域地球化学异常特征	成矿元素组合	成矿元素:Cu、Au;伴生元素:Ag、Bi(Mo)、As、Sb 等							
20		地球化学景观	干旱剥蚀丘陵区							
21		元素	面积(km²)	最大值	平均值	异常下限	标准差	富集系数	变异系数	成矿有利度	分带特征
22		Cu	18.05	50	46.3	40	4.7	1.389	0.102	5.44	外带
23		Pb	5.58	25.83	25.83	23	0	1.824	0	0.00	中、外带
24		As	38.69	85.5	41.7143	16	25.877	3.659	0.62	67.47	内、中、外带
25		Sb	71.21	2.34	1.295	1	0.425	2.056	0.328	0.55	内、中、外带
26		Bi	19.7	1	0.52	0.3	0.295	2.476	0.567	0.51	内、中、外带
其他		成矿率(V)	Cu:69.01%							

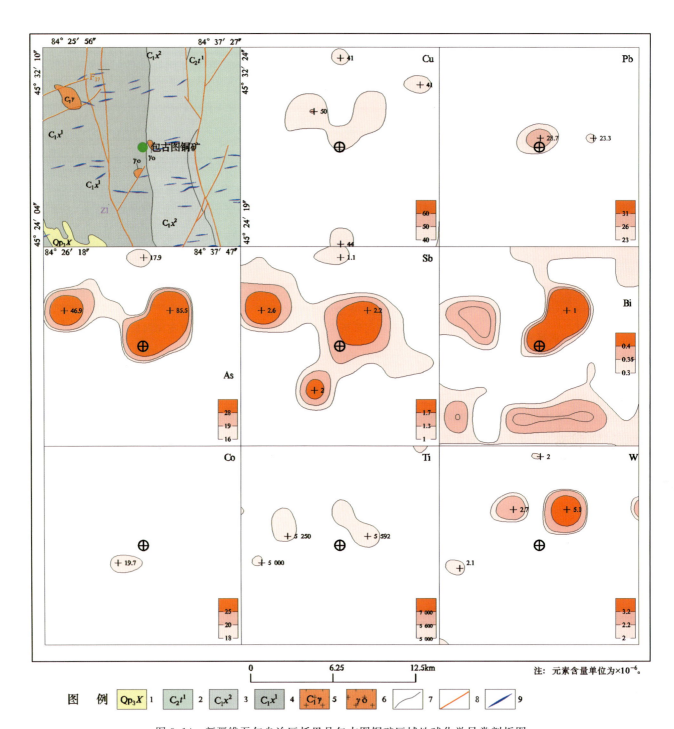

图 3.14 新疆维吾尔自治区托里县包古图铜矿区域地球化学异常剖析图

1.新疆群;2.太勒古拉组一段;3.希贝库拉斯组二段;4.希贝库拉斯组一段;5.花岗岩;6.斜长花岗岩;
7.地质界线;8.一般断层;9.中性岩脉

表 3.11 新疆维吾尔自治区温泉县喇嘛苏铜矿主要地质、地球化学特征

序号	分类	分项名称	分项描述							
1	基本信息	矿床名称	新疆维吾尔自治区温泉县喇嘛苏铜矿							
2		行政隶属	新疆维吾尔自治区温泉县喇嘛苏							
3		经度	80°58′48″							
4		纬度	44°40′03″							
5	地质特征	大地构造位置	处于哈萨克斯坦-准噶尔板块赛里木地块内							
6		成矿区(带)	Ⅲ-9 伊犁微板块北东缘(复合岛弧带)金、银、铀、钼、铅、锌、铁、钨、锡、磷、石墨、沸石、珍珠岩、水晶、宝石、煤成矿带(Pt—∈,Vm,Vm-1,Mz)							
7		成矿系列	与中酸性岩浆活动有关的铜多金属成矿系列							
8		矿床类型	斑岩-矽卡岩-热液改造"三位一体"型							
9		赋矿地层(建造)	出露蓟县系库松木切克群($JxKs^2$)碳酸盐岩-硅质岩-碱性火山岩建造和上石炭统东图津河组(C_2dt)砂砾岩、沉积火山砾岩等,前者为赋矿地层							
10		矿区岩浆岩	以花岗闪长斑岩为主							
11		主要控矿构造	受北西西向断裂构造控制							
12		成矿时代	含矿花岗闪长斑岩锆石 U-Pb 年龄为 360Ma,全岩 Rb-Sr 等时线年龄 365±32Ma							
13		矿体形态产状	呈蝌蚪状、透镜状或脉状							
14		矿石工业类型	铜矿石							
15		矿石矿物	主要有磁黄铁矿、黄铁矿、黄铜矿,其次是闪锌矿、白铁矿、辉钼矿等							
16		围岩蚀变	以黑云母-钾长石化、石英-方解石-钾长石化、水云母-伊利石化和青磐岩化为主;围岩蚀变主要为矽卡岩化							
17		矿床规模	铜 7.6×10⁴t(平均品位 0.33%~1.6%)							
18		剥蚀程度	中、浅剥蚀							
19		成矿元素组合	成矿元素:Cu;伴生元素:Pb、Zn、Ag、W、Sn、Mo、As、Sb 等							
20		地球化学景观	半干旱中小起伏高山区							
21	所属区域地球化学异常特征	元素(氧化物)	面积(km²)	最大值	平均值	异常下限	标准差	富集系数	变异系数	成矿有利度	分带特征
22		Cu	78.36	128	55.546	32	30.304	2.267	0.546	52.60	内、中、外带
23		Mo	2.46	2	2.000	1.8	0	1.923	0	0.00	外带
24		Au	9.79	4	3.267	2.5	0.702	2.121	0.215	0.92	中、外带
25		Pb	106.82	77	38.788	24	16.495	1.974	0.425	26.66	内、中、外带
26		Zn	56.6	244	160.417	115	38.054	2.107	0.237	53.08	内、中、外带
27		Ag	74.12	520	298.556	120	156.639	4.33	0.525	389.71	内、中、外带
28		As	9.29	45.2	42.750	30	3.465	3.583	0.081	4.94	中、外带
29		Sb	41.39	5.8	3.256	2	1.397	3.539	0.429	2.27	内、中、外带
30		W	18.54	12.8	6.600	4.2	3.472	3.22	0.526	5.46	内、中、外带
31		Sn	7.4	5.5	5.500	3	0	2.361	0	0.00	中、外带
32		Bi	60.75	6	2.588	0.51	2.113	8.088	0.816	10.72	内、中、外带
33		Hg	38.49	83	62.286	34.4	21.6	2.882	0.347	39.11	内、中、外带
34		Fe₂O₃	32.4	7.7	5.913	5.2	0.841	1.369	0.142	0.96	内、中、外带
	其他	成矿率(V)	Cu:0.18%							

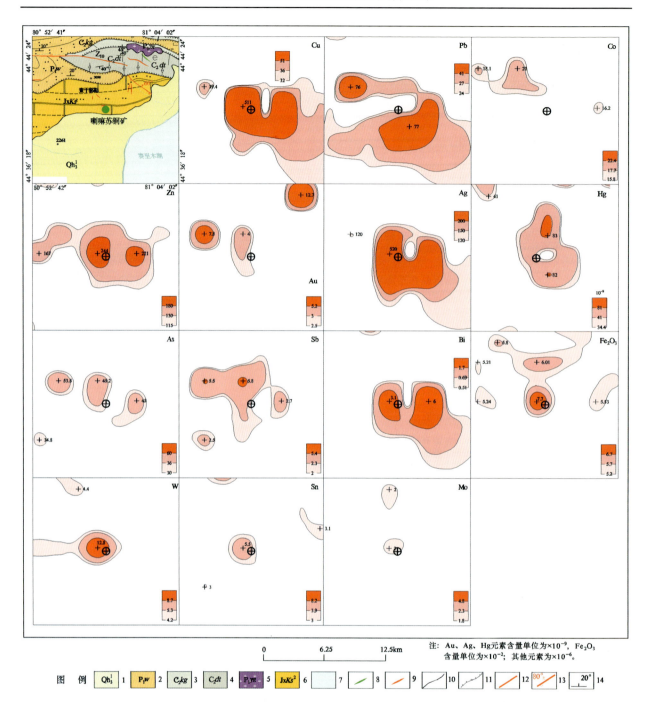

图 3.15 新疆维吾尔自治区博乐市喇嘛苏铜矿区域化探异常剖析图

1.第四系上更新统;2.二叠系乌郎组;3.石炭系科古琴山组;4.石炭系东图津河组;5.二叠纪花岗斑岩;6.蓟县系库松木切克岩群;
7.赛里木湖;8.基性脉岩;9.酸性岩脉;10.地质界线;11.不整合界线;12.区域性断裂;13.逆断层及产状;14.地层产状

表 3.12　新疆维吾尔自治区哈巴河县阿舍勒铜矿主要地质、地球化学特征

序号	分类	分项名称	分项描述							
1	基本信息	矿床名称	新疆维吾尔自治区哈巴河县阿舍勒铜矿							
2		行政隶属	新疆维吾尔自治区哈巴河县							
3		经度	86°20′00″							
4		纬度	48°17′06″							
5	地质特征	大地构造位置	位于西伯利亚板块阿尔泰南缘晚古生代裂陷槽中							
6		成矿区(带)	Ⅲ-2 南阿尔泰(裂陷盆地)铜、铅、锌、铁、金、稀有金属、铀、白云母、宝石成矿带(Pt_2, Ce,Ve,Vl,I-Ye)							
7		成矿系列	与海相火山岩有关的铜多金属成矿系列							
8		矿床类型	块状黄铁矿型铜(锌)矿床							
9		赋矿地层(建造)	中泥盆统阿舍勒组双峰式火山岩建造							
10		矿区岩浆岩	花岗岩、闪长岩							
11		主要控矿构造	断裂构造有南北向、北西向和北东向3组,前两组断裂交会部位控制了古火山机构的产出和次火山岩体的空间分布							
12		成矿时代	阿舍勒组铁质碧玉岩全岩 Rb-Sr 和 Sm-Nd 等时线年龄分别为 378.3Ma 和 372.7Ma;条纹块状、条带状、角砾状矿石 Rb-Sr 等时线年龄为 364Ma							
13		矿体形态产状	主矿体呈透镜体状(矿体向北北东向侧伏,侧伏角 45°～65°)							
14		矿石工业类型	铜锌矿石							
15		矿石矿物	黄铁矿、黄铜矿、闪锌矿,次为方铅矿、锌砷黝铜矿、含银锌锑黝铜矿等							
16		围岩蚀变	硅化、黄铁绢英岩化、黄铁矿化、绿泥石、绢云母化、青磐岩化							
17		矿床规模	$108×10^4$ t(矿石平均品位:Cu 2.46%,Zn 2.93%,Pb 0.41%,Ag $18.37×10^{-6}$,Au $0.36×10^{-6}$)							
18		剥蚀程度	浅剥蚀							
19	所属区域地球化学异常特征	成矿元素组合	成矿元素:Cu、Zn、Pb、Ag;伴生元素:Au、As、B、Ba、Cd、W、Sn、Mo 等							
20		地球化学景观	干旱剥蚀低山区							
21		元素	面积(km²)	最大值	平均值	异常下限	标准差	富集系数	变异系数	成矿有利度	分带特征
22		Cu	56.62	91.68	54.712 5	38	11.918	1.793	0.218	17.16	内、中、外带
23		Pb	21.82	115	59.75	24	38.187	3.48	0.639	95.07	内、中、外带
24		Zn	51.46	234	136.846	100	44.987	1.762	0.329	61.56	内、中、外带
25		Ag	17.58	520	257.5	120	184.097	3.273	0.715	395.04	内、中、外带
26		Sb	41.17	2.98	1.549 09	1	0.708	2.671	0.457	1.10	内、中、外带
27		Mo	69.66	2.9	1.681 33	1.1	0.471	1.955	0.28	0.72	内、中、外带
28		Au	15.9	4.2	2.866 67	1.6	1.172	2.092	0.409	2.10	内、中、外带
29		Mn	39.78	2025	1 458.61	1140	267.033	1.72	0.183	341.66	内、中、外带
	其他	成矿率(V)	Cu:11.12%							

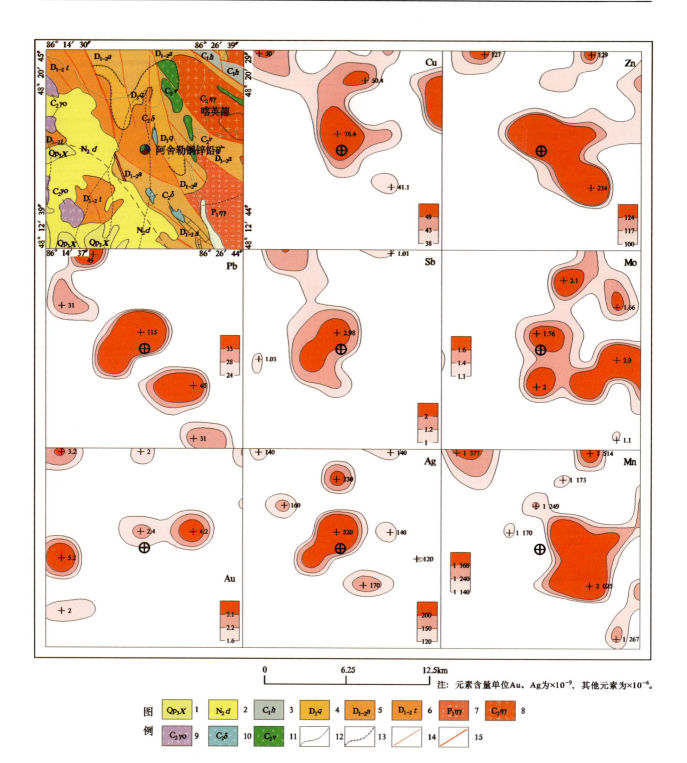

图 3.16 新疆维吾尔自治区哈巴河县阿舍勒铜锌矿区域化探异常剖析图

1.新疆群;2.独山子组;3.红山嘴组;4.齐也组;5.阿舍勒组;6.托克萨雷组;7.二长花岗岩;8.二长花岗岩;9.英云闪长岩;10.闪长岩、石英闪长岩、辉长闪长岩;11.辉长岩;12.地质界线;13.角度不整合;14.一般断裂;15.大断裂

表 3.13 新疆维吾尔自治区哈密市黄山铜镍矿主要地质、地球化学特征

序号	分类	分项名称	分项描述							
1	基本信息	矿床名称	新疆维吾尔自治区哈密市黄山铜镍矿							
2		行政隶属	新疆维吾尔自治区哈密市黄山							
3		经度	94°37′01″							
4		纬度	42°15′36″							
5	地质特征	大地构造位置	位于哈萨克斯坦-准噶尔板块之觉罗塔格晚古生代沟弧带东段,处在康古尔大断裂北侧,康古尔-黄山韧性剪切带主带内侧							
6		成矿区(带)	Ⅲ-8 觉罗塔格-黑鹰山铜、镍、铁、金、银、钼、钨、石膏、硅灰石、膨润土、煤成矿带							
7		成矿系列	与超基性岩浆活动有关的铜镍成矿系列							
8		矿床类型	岩浆熔离型铜镍硫化物矿床							
9		赋矿地层(建造)	含矿基性—超基性岩体主要侵位于上石炭统梧桐窝子组、干墩组中							
10		矿区岩浆岩	含长橄榄岩类岩石、辉闪橄榄岩、橄榄辉石岩、辉长岩及辉长闪长岩							
11		主要控矿构造	受向斜核部的脆—韧性变形带控制							
12		成矿时代	黄山东铜镍矿的矿石 Re-Os 等时线年龄为 282 ± 20 Ma,其成矿时代为晚石炭世—早二叠世							
13		矿体形态产状	向北陡倾的两层单斜板状体							
14		矿石工业类型	铜镍矿石							
15		矿石矿物	磁黄铁矿、镍黄铁矿、黄铜矿、紫硫镍矿、黄铁矿							
16		围岩蚀变	蛇纹石化、滑石化、绿泥石化、碳酸盐化、次闪石化							
17		矿床规模	镍 38.36×10^4 t,铜 18.81×10^4 t(Cu 平均品位 0.31%,Ni 平均品位 0.48%,Co 平均品位 0.34%)							
18		剥蚀程度	浅剥蚀							
19	所属区域地球化学异常特征	成矿元素组合	成矿元素:Cu、Ni、Co;伴生元素:Cr、As、Cd、Mo、Mn 等							
20		地球化学景观	干旱剥蚀石质戈壁区							
21		元素	面积 (km²)	最大值	平均值	异常下限	标准差	富集系数	变异系数	成矿有利度	分带特征
22		Cu	40.31	60.1	40.93	32	8.83	1.822	0.216	11.29	内、中、外带
23		Cr	12.85	415	415	58	0	11.07	0	0.00	内、中、外带
24		Ni	9.58	19.2	19.2	25	0	1.138	0	0.00	内、中、外带
25		Co	10.03	35.7	35.7	13	0	4.048	0	0.00	内、中、外带
26		Mo	44.13	2.87	1.763 64	1.4	0.407	1.618	0.231	0.51	中、外带
27		As	33.88	29.9	16.02	12	5.4	2.295	0.337	7.21	内、中、外带
28		Cd	6.48	310	310	140	0	3.068	0	0.00	内、中、外带
其他		成矿率(V)	Cu:4.13%							

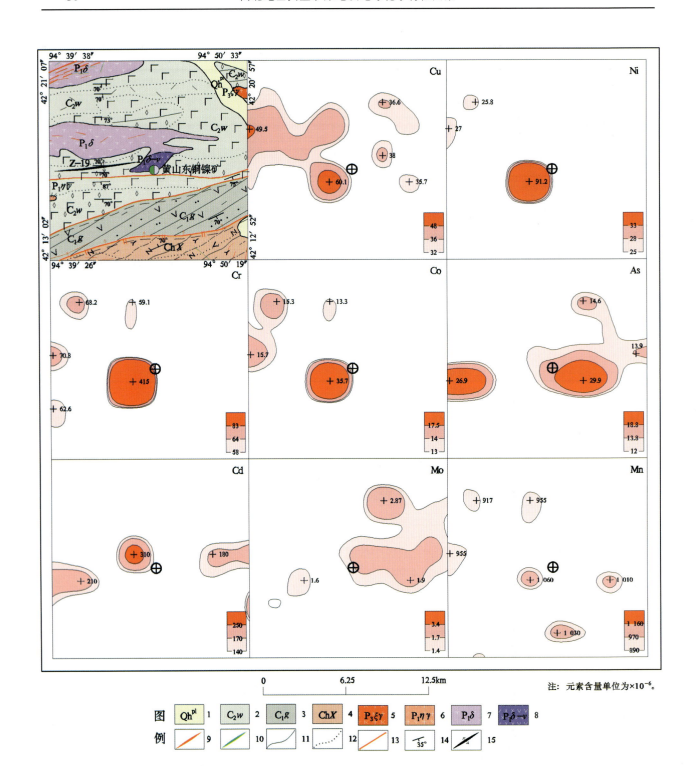

图 3.17 新疆维吾尔自治区哈密市黄山东铜镍矿区域化探异常剖析图

1.全新世洪积；2.梧桐窝子组；3.干墩组；4.星星峡岩群；5.正长花岗岩；6.二长花岗岩；7.闪长岩；8.橄榄岩-辉长岩；9.酸性岩脉；10.基性岩脉；11.地质界线；12.岩相界线；13.一般断层；14.岩层产状；15.背斜构造

表 3.14 甘肃省金昌金川铜镍矿主要地质、地球化学特征

序号	分类	分项名称	分项描述							
1	基本信息	矿床名称	甘肃省金昌金川铜镍矿							
2		行政隶属	甘肃省金昌市							
3		经度	102°10′00″							
4		纬度	38°28′48″							
5	地质特征	大地构造位置	华北陆块区,阿拉善陆块,龙首山基底杂岩带							
6		成矿区(带)	Ⅲ-18 阿拉善(隆起)铜、镍、铂、铁、稀土、磷、石墨、芒硝、盐类成矿带(Pt_1,Pt_2—Pt_3^1,Pz,Kz)							
7		成矿系列	龙首山中元古代(前长城纪)与基性—超基性岩侵入活动有关的铜、镍、铂、钴、钒、钛矿床成矿系列							
8		矿床类型	超镁铁质岩浆熔离型铜镍硫化物矿床							
9		赋矿地层(建造)	矿区内地层主要是新太古界—古元古界龙首山岩群($Pt_1L.$),含矿超基性岩侵入于龙首山岩群中,围岩主要是大理岩,混合岩和片麻岩							
10		矿区岩浆岩	矿区侵入岩较发育,但规模较小,以岩株、岩墙、岩瘤状为主,有超基性岩、中酸性花岗岩及各类脉岩等,矿体赋存于铁质超镁铁质岩中							
11		主要控矿构造	矿区构造以断裂为主,其中北西向属控岩控矿构造,含矿岩体即沿该组断裂同向分布							
12		成矿时代	块状硫化物矿石 Re-Os(ICP-MS)等时线年龄为 833±35Ma(杨刚,2005),属中—新元古代							
13		矿体形态产状	主矿体呈似层状,其他矿体多呈透镜状、扁豆状,次有脉状、不规则状等							
14		矿石工业类型	矿石可分为氧化矿石和原生矿石两大类。原生矿石是构成矿床的主体,岩浆熔离型矿石是最主要的矿石类型							
15		矿石矿物	矿石矿物主要有磁铁矿、铬铁矿、钛铁矿、金红石、镍黄铁矿、墨铜矿、磁黄铁矿、方黄铜矿、黄铜矿、黄铁矿、紫硫镍铁矿、白铁矿、针镍矿、毒砂、红砷镍矿、闪锌矿、方铅矿、赤铁矿							
16		围岩蚀变	主要类型有蛇纹石化、绿泥石化、透闪石化、透辉石化、滑石化、碳酸盐化、绿高岭石化、硅化等。其中,蛇纹石化、绿泥石化、绿高岭石化、硅化与矿化关系密切							
17		矿床规模	铜金属储量 $349.19×10^4$ t,镍金属储量 $552.60×10^4$ t							
18		剥蚀程度	中—浅剥蚀							
19	所属区域地球化学异常特征	成矿元素组合	成矿元素:Ni、Cu;伴生元素:Co、Cr、Au、Ag、Ti、V 等							
20		地球化学景观	干旱荒漠戈壁残山区,岛状残山区							
21		元素(氧化物)	面积(km^2)	最大值	平均值	异常下限	标准差	富集系数	变异系数	成矿有利度	分带特征
22		Ni	249.92	759.37	204.07	62.7	166.92	6.23	0.82	543.28	内、中、外带
23		Cu	229.71	783.27	168.11	55.6	151.38	6.95	0.90	457.71	内、中、外带
24		Co	129.11	38.75	19.13	13.8	5.93	1.66	0.31	8.22	内、中、外带
25		Cr	201.05	496.71	128.64	77.7	70.21	1.75	0.55	116.24	内、中、外带
26		Au	172.49	22.6	6.64	3.4	4.72	3.52	0.71	9.22	内、中、外带
27		Ag	127.82	621.77	192.74	104.6	128.41	3.28	0.67	236.61	内、中、外带
28		Ti	52.57	6 181.94	3 908.08	3 311.1	827.83	1.25	0.21	977.08	内、中、外带
29		V	10.12	53.82	50.97	66.6	30.62	0.78	0.60	23.43	中、外带
30		Fe_2O_3	46.11	8.14	5.27	4.2	1.23	1.29	0.23	1.54	内、中、外带
31		MgO	17.08	7.74	6.35	4	1.44	2.24	0.23	2.29	中、外带
32		Mn	2.22	889.83	889.83	612.2	0	1.44	0	0.00	中、外带
	其他	成矿率(V)	Cu:0.33%							

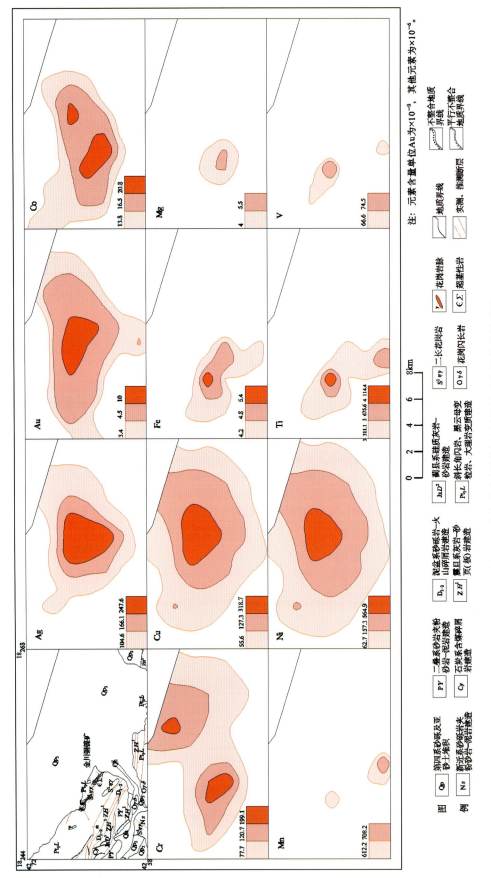

图 3.18 甘肃省金川铜镍矿区区域地球化学异常剖析图

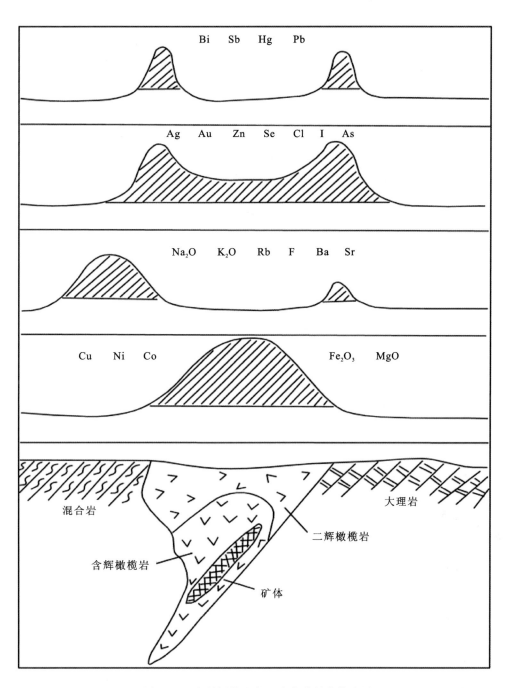

图 3.19 金川铜镍矿床地球化学异常模式图

表3.15 青海省德尔尼海相火山岩型铜（钴）矿床主要地质、地球化学特征

序号	分类	分项名称	分项描述							
1	基本信息	矿床名称	德尔尼海相火山岩型铜（钴）矿床							
2		行政隶属	青海省玛沁县							
3		经度	100°07′48″							
4		纬度	34°22′48″							
5	地质特征	大地构造位置	秦祁昆造山系南昆仑结合带（Ⅳ-9），木孜塔克-西大滩-布青山蛇绿混杂岩带（Ⅳ-9-2）(P_{1-2})							
6		成矿区（带）	Ⅲ-29喀拉米兰（阿尼玛卿；复合沟弧带）铜、锌、金、银、铂、石棉、石墨、煤、蛇纹岩、盐类成矿带（Ⅵ，Ⅰ—Ｙ）							
7		成矿系列	与海相火山岩喷流-沉积作用有关的矿床成矿系列							
8		矿床类型	海相火山岩型铜矿床							
9		赋矿地层（建造）	中二叠世浅海相火山岩-碎屑岩建造							
10		矿区岩浆岩	蛇纹岩、蛇纹石化橄榄岩、纯橄榄岩、角闪辉石岩							
11		主要控矿构造	断裂							
12		成矿时代	加里东期、印支期							
13		矿体形态产状	矿体形态为似层状、透镜状、层状。矿体产状：矿体因受后期构造影响，与地层（蛇纹岩）同时发生褶皱变化							
14		矿石工业类型	铜（钴）矿石							
15		矿石矿物	主要为黄铁矿、磁黄铁矿、黄铜矿、闪锌矿、磁铁矿、镍钴黄铁矿；次为黑铜矿、白铁矿、赤铁矿、钛铁矿、硫铁镍钴矿、方黄铜矿、针铁矿、褐铁矿等							
16		围岩蚀变	蛇纹石化、碳酸盐化，次有绿泥石化、绿帘石化、金云母化、滑石化、钠闪石化、硅化							
17		矿床规模	铜：大型，578 487t							
18		剥蚀程度	中—浅剥蚀							
19	所属区域地球化学异常特征	成矿元素组合	成矿元素：Cu、Co；伴生元素：Ni、Hg、Au、Cr							
20		地球化学景观	通天河-黄河上游中深切割高寒山地半湿润草甸亚区							
21		元素	面积（km²）	最大值	平均值	异常下限	标准差	富集系数	变异系数	成矿有利度	分带特征
22		Ni	160	242.48	97.48	41	106.71	4.39	1.09	253.71	内、中、外带
23		Cu	288	45.6	34.12	25	66.65	1.7	1.95	90.96	内、中、外带
24		Hg	192	0.19	0.1	40	0.09	5	0.9	0.00	内、中、外带
25		Au	272	3.08	2.36	1.7	1.12	1.65	0.47	1.55	中、外带
26		Cr	176	293.72	143.43	86	125.86	3.04	0.88	209.91	内、中、外带
27		Co	80	21.44	16.91	14	6.86	1.8	0.41	8.29	内、中、外带
	其他	成矿率（V）	Cu：0.22%							

3. 铜 矿

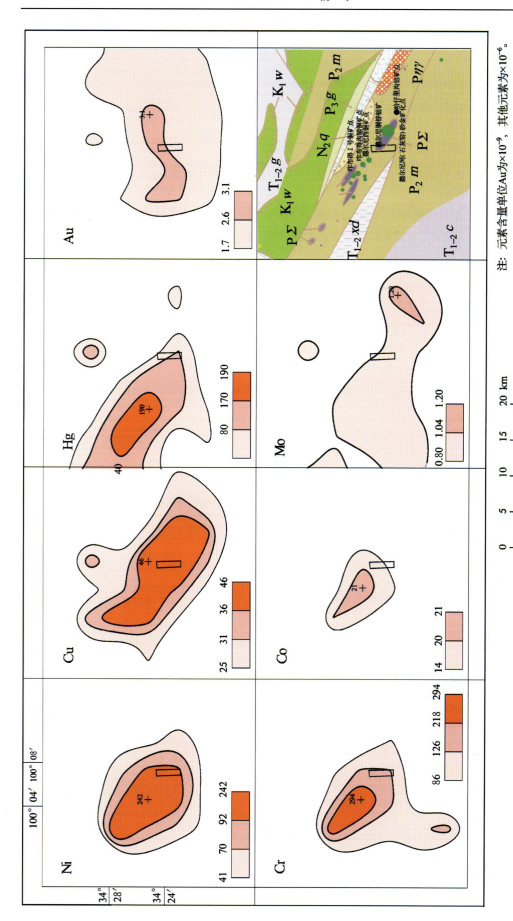

图 3.20 青海省德尔尼铜(钴)矿区域地球化学异常剖析图

1. 上新统曲果组:碎屑岩夹泥岩、菱铁矿;2. 白垩系万秀组:砂岩、页岩、泥岩;3. 三叠系古浪堤组:砂砾岩夹砂岩;4. 三叠系下大武组:砂、板岩夹灰岩、杂砂岩、灰岩;5. 三叠系昌马河组:砂板岩夹灰岩、北部多外来岩块;6. 二叠系格曲组:碎屑岩、灰岩、中酸性火山岩;7. 二叠系马尔争组:灰岩、中基性火山岩夹砂岩、硅质岩;8. 二叠纪二长花岗岩;9. 二叠纪超基性岩

注:元素含量单位Au为×10⁻⁹,其他元素为×10⁻⁶。

表 3.16 新疆维吾尔自治区吐鲁番市小热泉子铜锌矿主要地质、地球化学特征

序号	分类	分项名称	分项描述
1	基本信息	矿床名称	新疆维吾尔自治区吐鲁番市小热泉子铜锌矿
2		行政隶属	新疆维吾尔自治区吐鲁番市
3		经度	89°32′05″
4		纬度	42°17′09″
5	地质特征	大地构造位置	处于哈萨克斯坦-准噶尔板块之大南湖古生代岛弧带西段,小热泉子区域性大断裂北西侧
6		成矿区(带)	Ⅲ-8 觉罗塔格-黑鹰山铜、镍、铁、金、银、钼、钨、石膏、硅灰石、膨润土、煤成矿带
7		成矿系列	与海相火山岩有关的铜多金属成矿系列
8		矿床类型	块状黄铁矿型铜(锌)矿床
9		赋矿地层(建造)	为下石炭统小热泉子组(C_1xr)中性—基性、酸性的"双峰式"钙碱性系列火山岩系。中性—基性火山-碎屑岩建造
10		矿区岩浆岩	无
11		主要控矿构造	小热泉子大断裂
12		成矿时代	石炭纪
13		矿体形态产状	呈脉状,透镜状
14		矿石工业类型	铜锌矿
15		矿石矿物	主要矿石矿物有黄铜矿、黄铁矿、闪锌矿等,其次有蓝辉铜矿、方黄铜矿、斑铜矿、磁黄铁矿、方铅矿、银金矿及自然金等
16		围岩蚀变	硅化、碳酸盐化、绿泥石化、褐铁矿化及黄钾铁矾化等
17		矿床规模	$15.5×10^4$ t(Cu 平均品位 9.82%,最高可达 21.46%;Zn 品位 0.04%~26.38%)
18		剥蚀程度	中—浅剥蚀
19	所属区域地球化学异常特征	成矿元素组合	成矿元素:Cu、Pb、Zn;伴生元素:Ag、Cd、As、Sb、Bi、Mo、Hg、Mn、W
20		地球化学景观	干旱剥蚀丘陵区
21		元素	面积(km^2) / 最大值 / 平均值 / 异常下限 / 标准差 / 富集系数 / 变异系数 / 成矿有利度 / 分带特征
22		Cu	19.71 / 59.9 / 45.96 / 36 / 8.716 / 2.045 / 0.19 / 11.13 / 中、外带
23		Zn	12.51 / 275.4 / 275.4 / 83 / 0 / 5.508 / 0 / 0.00 / 内、中、外带
24		Cd	9.02 / 0.481 / 0.481 / 110 / 0 / 4.76 / 0 / 0.00 / 内、中、外带
25		Mo	47.03 / 3.36 / 2.273 33 / 2.3 / 0.406 / 2.086 / 0.179 / 0.40 / 中、外带
26		Bi	5.79 / 0.46 / 0.46 / 0.33 / 0 / 2 / 0 / 0.00 / 中、外带
27		As	60.43 / 160 / 44.673 3 / 13 / 43.562 / 6.4 / 0.975 / 149.70 / 内、中、外带
28		Sb	60.73 / 4.5 / 1.752 31 / 0.73 / 1.089 / 3.576 / 0.621 / 2.61 / 内、中、外带
29		Hg	44.33 / 74 / 28.444 4 / 11 / 24.905 / 2.038 / 0.876 / 64.40 / 内、中、外带
	其他	成矿率(V)	Cu:7.07%

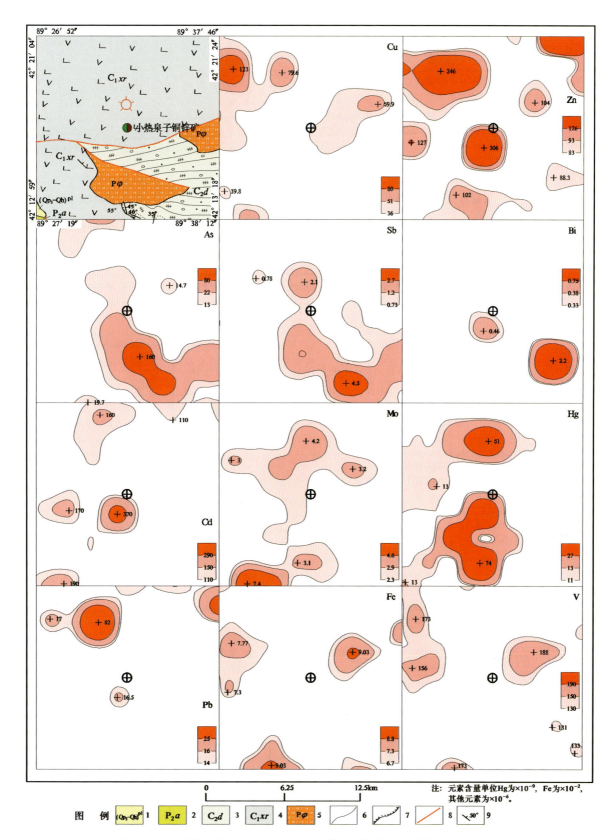

图 3.21 新疆维吾尔自治区吐鲁番市小热泉子铜锌矿区域化探异常剖析图

1.晚更新世—全新世洪积;2.阿其克布拉克组;3.底坎尔组;4.小热泉子组;5.钠长斑岩;6.地质界线;
7.角度不整合界线;8.性质不明断裂;9.产状

表 3.17 宁夏回族自治区土窑铜矿主要地质、地球化学特征

序号	分类	分项名称	分项描述							
1	基本信息	矿床名称	宁夏回族自治区中宁土窑铜矿							
2		行政隶属	宁夏回族自治区中卫市							
3		经度	105°23′29″							
4		纬度	37°24′51″							
5	地质特征	大地构造位置	秦祁昆造山系,北祁连造山带走廊弧后盆地,香山北缘前陆盆地之卫宁北山晚古生代前陆盆地							
6		成矿区(带)	Ⅲ-20 河西走廊铁、锰、萤石、盐类、凹凸棒石、石油成矿带							
7		成矿系列	与中性岩脉侵入活动关系密切的铜矿床成矿系列							
8		矿床类型	变质岩层状铜矿床,低温热液型							
9		赋矿地层(建造)	陆相碎屑岩建造							
10		矿区岩浆岩	矿区内未见岩浆岩出露,仅在土窑、一条岭、米地梁等地,见有热液活动迹象,分布有石英脉、褐铁矿化石英脉、褐铁矿化孔雀石化石英脉、重晶石脉等。但在本区以北的库勒头、双疙瘩等地见石英闪长岩岩体							
11		主要控矿构造	沿狼嘴子组第一、第二岩性段接触部位,层间断层发育,岩石较破碎,呈碎裂状,形成破碎带。铜矿体即赋存于破碎带内。破碎带内岩石愈破碎,铜矿化愈强							
12		成矿时代	印支期—燕山期							
13		矿体形态产状	矿体形态、产状和规模是在构造破碎带的范围内变化,并在产状上与构造破碎带有一致性							
14		矿石工业类型	氧化矿石、原生矿石和混合矿石 3 类							
15		矿石矿物	金属矿物有孔雀石(部分为硅孔雀石)、蓝铜矿、斑铜矿、黄铜矿、辉铜矿、铜蓝、黑铜矿、黝铜矿等。原生矿石中主要金属矿物有黄铁矿、毒砂、黄铜矿等							
16		围岩蚀变	铜矿化与赤铁矿化、褐铁矿化、硅化、软锰矿化、泥化密切相关,特别是与褐铁矿化及硅化关系密切							
17		矿床规模	铜:0.96×10⁴ t							
18		剥蚀程度	无剥蚀							
19	所属区域地球化学异常特征	成矿元素组合	矿石中有用组分为 Cu,尚伴生有 Au、Ag、Pb、Zn、Mn、Co、As、S 等,主矿体中伴生有用组分均达不到综合利用的要求							
20		地球化学景观	干旱荒漠区							
21		元素	面积(km²)	最大值	平均值	异常下限	标准差	富集系数	变异系数	成矿有利度	分带特征
22		As	2.3	190	110.65	21	75.25	3.76	0.680	396.50	中、外带
23		Sb	6.9	11.94	1.26	0.94	1.49	1.84	1.183	2.00	内、中、外带
24		Hg	144.7	191.2	26.86	19.3	18.20	1.58	0.678	25.33	内、中、外带
25		Cu	27.3	376	28.05	27.3	31.62	1.03	1.127	32.49	内、中、外带
26		Mn	11.9	2 557	640.93	635	311.70	0.90	0.486	314.61	内、中、外带
27		Co	7.9	32.9	12.23	12.6	4.52	1.39	0.370	4.39	内、中、外带
其他		成矿率(V)	Cu:0.11%							

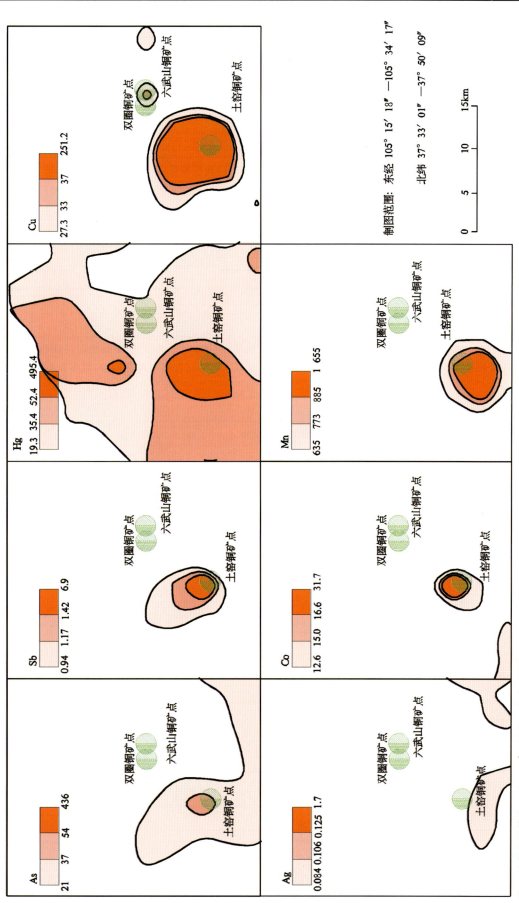

图 3.22 宁夏回族自治区土窑铜矿区域地球化学异常剖析图

表 3.18 宁夏回族自治区香山腰岘子铜银矿主要地质、地球化学特征

序号	分类	分项名称	分项描述							
1	基本信息	矿床名称	香山腰岘子铜银矿							
2		行政隶属	宁夏回族自治区中卫市							
3		经度	105°05′02″							
4		纬度	37°14′00″							
5	地质特征	大地构造位置	北祁连褶皱系-走廊过渡带之东端北缘山前凹陷带,香山隆起与卫宁盆地的临界部位							
6		成矿区(带)	Ⅲ-20 河西走廊铁、锰、萤石、盐类、凹凸棒石、石油成矿带							
7		成矿系列	与沉积叠加改造作用有关的铜银矿成矿系列。矿化一般产于该段的中、上部,有多个含矿层位(至少6层)。第二段第二层砂岩与第三层灰岩相变显著,这显示从强氧化环境过渡为弱还原环境,为成矿的最有利部位							
8		矿床类型	沉积-改造型							
9		赋矿地层(建造)	陆相碎屑岩建造							
10		矿区岩浆岩	以辉绿岩脉为主							
11		主要控矿构造	主要为地层控矿。砂岩铜矿的红层组合:铜矿化一般产于紫红色层与浅色层交替出现的浅色层一侧,颜色越浅,矿化越好。在紫红色层与浅色层中,岩性没有明显改变。分选差,则矿化好							
12		成矿时代	海西期							
13		矿体形态产状	矿体呈似层状、透镜状分布于矿化体							
14		矿石工业类型	铜矿石及铜银矿石							
15		矿石矿物	蓝铜矿、孔雀石、黄铜矿、辉铜矿、黄铁矿和方铅矿							
16		围岩蚀变	矿区内与成矿有关的蚀变类型有硅化、碳酸盐化、黄(褐)铁矿化、孔雀石化等							
17		矿床规模	小型矿床,铜:$0.91×10^4$t,银:21.5t							
18		剥蚀程度	有部分剥蚀							
19	所属区域地球化学异常特征	成矿元素组合	以 Cu、Co、Pb、Zn、Ag 元素为主要组合,特别以 Cu、Co、Pb、Zn 等元素异常套合较好区别于其他矿区							
20		地球化学景观	干旱荒漠区							
21		元素	面积(km^2)	最大值	平均值	异常下限	标准差	富集系数	变异系数	成矿有利度	分带特征
22		Ag	7.8	3	0.07	0.084	0.015	1.38	—	0.01	内、中、外带
23		Cu	936.1	77	31.55	27.3	8.21	1.51	—	9.49	内、中、外带
24		Pb	90.5	96.7	26.18	25	9.25	1.77	—	9.69	内、中、外带
25		Zn	44.3	460	87.93	79	32.31	1.65	—	35.96	内、中、外带
26		Co	171	24	13.58	12.6	2.90	1.52	—	3.13	内、中、外带
27		V	32.2	240	92.16	91	24.20	1.42	—	24.51	内、中、外带
	其他	成矿率(V)	Cu:0.01%							

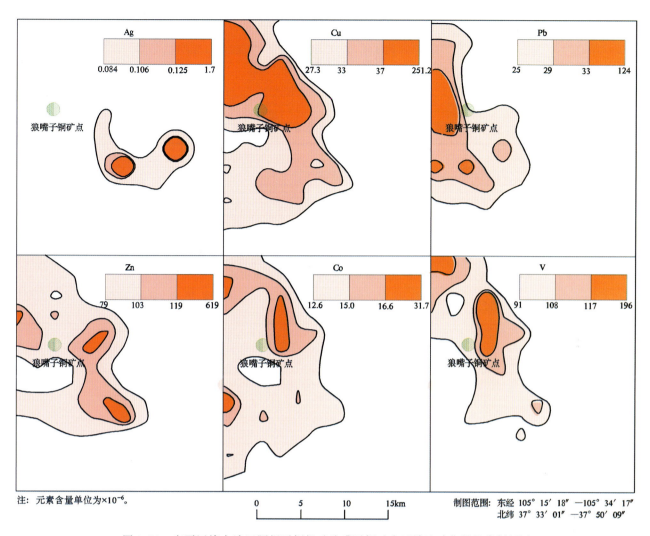

图 3.23 宁夏回族自治区腰岘子铜银矿狼嘴子铜矿点区域地球化学异常剖析图

4. 铅锌矿

表 4.1 陕西省南郑县马元楠木树铅锌矿床主要地质、地球化学特征

序号	分类	分项名称	分项描述								
1	基本信息	矿床名称	南郑县马元楠木树铅锌矿床								
2		行政隶属	陕西省南郑县马元								
3		经度	107°19′18″								
4		纬度	32°31′40″								
5	地质特征	大地构造位置	$Ⅵ_2^2$ 米仓山-大巴山基底逆冲带-碑坝岩浆弧								
6		成矿区（带）	Ⅲ-73 龙门山-大巴山（台缘坳陷）铁、铜、铅、锌、锰、钒、磷、硫、重晶石、铝土矿成矿带（Pt_1,Z_1d,ϵ_1,P_1,P_2,Mz）								
7		成矿系列	与震旦纪热水渗滤沉积作用有关的铅锌矿床成矿系列								
8		矿床类型	碳酸盐岩型								
9		赋矿地层（建造）	上震旦统灯影组（Z_2dy），为一套碳酸盐岩沉积建造								
10		矿区岩浆岩	无								
11		主要控矿构造	主要受层间破碎带控制								
12		成矿时代	加里东期								
13		矿体形态产状	呈层状、似层状顺层产出，在走向和倾向上具有明显的膨大狭缩和分枝复合现象								
14		矿石工业类型	闪锌矿矿石、方铅矿矿石								
15		矿石矿物	矿石矿物以闪锌矿为主，次为方铅矿、黄铁矿等；脉石矿物主要为白云石								
16		围岩蚀变	以铅锌矿化为主，其次为黄铁矿化								
17		矿床规模	大型，储量铅：$8.3600×10^4$ t；锌：$169.8100×10^4$ t								
18		剥蚀程度	中—浅剥蚀								
19	所属区域地球化学异常特征	成矿元素组合	主成矿元素 Pb、Zn；伴生元素 Cd、Hg、Mo								
20		地球化学景观	湿润的中低山森林区								
21		元素	面积（km²）	最大值	平均值	异常下限	标准差	富集系数	变异系数	成矿有利度	分带特征
22		Pb	28.57	84	66.6	46.5	12.41	1.72	0.19	17.77	内、中、外带
23		Zn	20.02	313	198.6	130	81.41	1.91	0.41	124.37	内、中、外带
24		Cd	57.21	252	160.75	130	45.14	3.27	0.28	55.82	外带
25		Hg	33.46	0.14	0.09	80	0.02	1.91	0.22	0.00	外带
26		Mo	116.69	7.9	3.17	1.35	2.67	9.91	0.84	6.27	外带
其他		成矿率（V）	Pb：1.65%，Zn：6.82%								

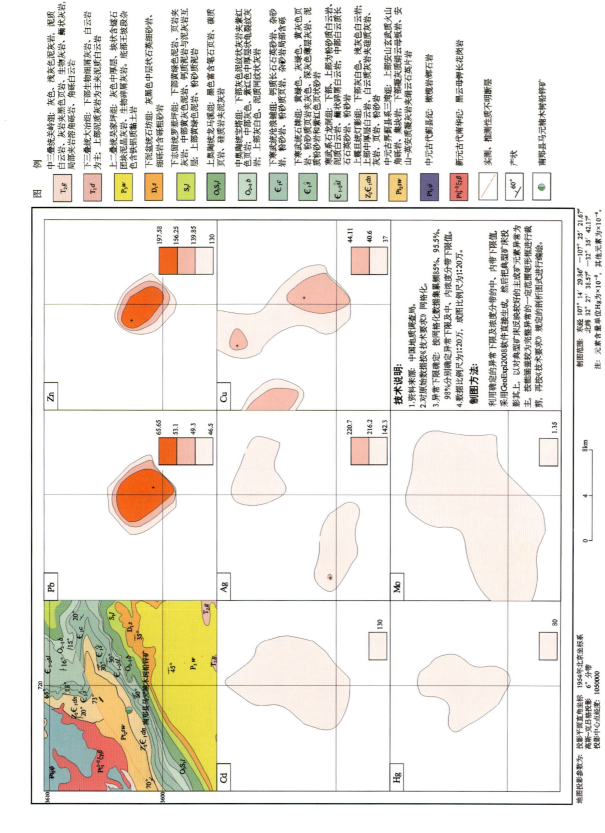

图 4.1 陕西省南郑县马元楠木树铅锌矿区域地球化学异常特征剖析图

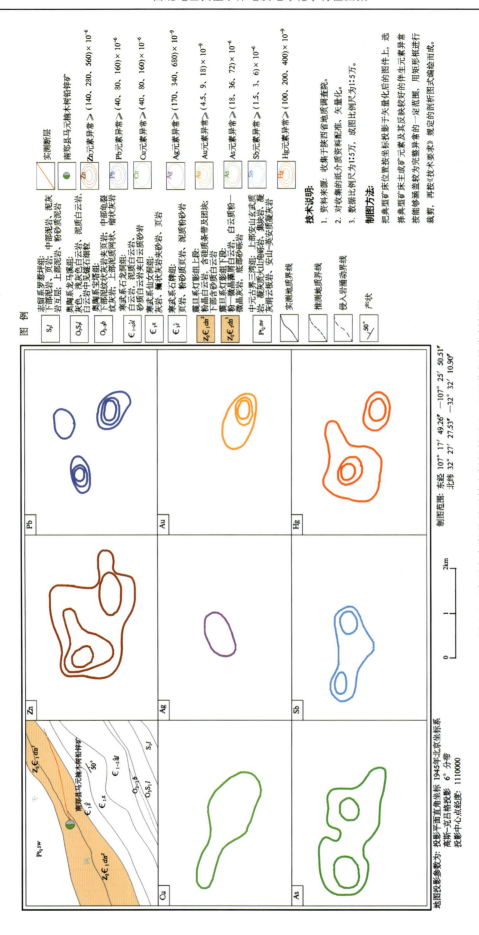

图 4.2 陕西省南郑县马元楠木树铅锌矿 1:5 万化探异常剖析图

表4.2 陕西省凤县铅硐山铅锌矿床主要地质、地球化学特征

序号	分类	分项名称	分项描述							
1	基本信息	矿床名称	凤县铅硐山铅锌矿床							
2		行政隶属	陕西省凤县铅硐山							
3		经度	106°38′18″							
4		纬度	33°51′56″							
5	地质特征	大地构造位置	Ⅳ$_9^3$ 南秦岭弧盆系-凤县-镇安陆缘斜坡带							
6		成矿区(带)	Ⅲ-28 西秦岭铅、锌、铜(铁)、金、汞、锑成矿带							
7		成矿系列	与碳酸盐岩-细碎屑岩有关的沉积-再造型铜铅锌银矿成矿系列							
8		矿床类型	碳酸盐岩-细碎屑岩型							
9		赋矿地层(建造)	中—上泥盆统古道岭组($D_{2-3}g$)和上泥盆统星红铺组(D_3x),为一套碳酸盐岩-碎屑岩沉积建造							
10		矿区岩浆岩	无							
11		主要控矿构造	主要受层间断裂带或破碎带控制							
12		成矿时代	沉积成矿期为中—晚泥盆世;改造期为印支期—燕山期							
13		矿体形态产状	似层状、透镜状							
14		矿石工业类型	闪锌矿矿石、方铅矿矿石							
15		矿石矿物	矿石矿物主要有闪锌矿、方铅矿、黄铁矿等;脉石矿物主要为方解石、铁白云石、白云石、石英等							
16		围岩蚀变	铁白云石化、碳酸盐化和硅化							
17		矿床规模	中型,储量铅:20.320 0×10^4 t;锌:91.810 0×10^4 t							
18		剥蚀程度	中—浅剥蚀							
19	所属区域地球化学异常特征	成矿元素组合	主成矿元素为 Pb、Zn;伴生元素 As、Bi、Hg、Sb、Sn							
20		地球化学景观	湿润的中低山森林区							
21		元素	面积(km^2)	最大值	平均值	异常下限	标准差	富集系数	变异系数	成矿有利度	分带特征
22		As	59.77	49.67	18.34	12	12.49	2.18	0.68	19.09	中、外带
23		Bi	52.75	0.59	0.52	0.48	0.05	1.37	0.10	0.05	外带
24		Hg	31.21	0.58	0.15	80	0.16	3.19	1.07	0.00	内、中、外带
25		Pb	44.17	167.00	69.55	46.5	46.79	1.79	0.67	69.98	内、中、外带
26		Sb	70.21	3.90	1.97	1.49	0.96	1.89	0.49	1.27	中、外带
27		Sn	18.54	4.00	3.75	3.3	0.22	1.39	0.06	0.25	中、外带
28		Zn	32.66	1 081.00	215.40	130	327.86	2.07	1.52	543.24	内、中、外带
其他		成矿率(V)	Pb:0.66%,Zn:0.52%							

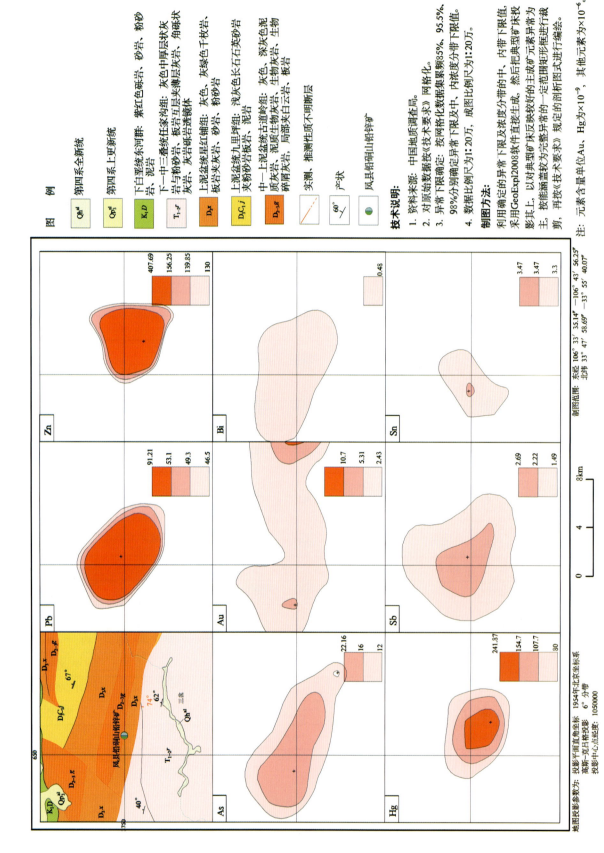

图 4.3 陕西省凤县铅硐山铅锌矿区域地球化学异常剖析图

表 4.3　陕西省商州市龙庙南沟铅锌矿床主要地质、地球化学特征

序号	分类	分项名称	分项描述								
1	基本信息	矿床名称	陕西省商州市龙庙南沟铅锌矿床								
2		行政隶属	陕西省商州市龙庙南沟								
3		经度	109°36′42″								
4		纬度	34°00′08″								
5	地质特征	大地构造位置	II_4^3 太华古陆块-华北陆块南缘前陆盆地								
6		成矿区（带）	III-63 华北陆块南缘铁、铜、金、铅、锌、铝土矿、硫铁矿、萤石、煤成矿带								
7		成矿系列	与中新元古代海相中基性—中酸性火山岩有关的金、银、铅、锌、重晶石矿床成矿系列								
8		矿床类型	海相火山岩型								
9		赋矿地层（建造）	区域出露地层为中元古界宽坪群四岔口岩组（$Pt_2s.$）和广东坪岩组（$Pt_2g.$），其沉积建造为一套浅海相中基性火山岩喷发-碳酸盐岩-陆源碎屑岩岩石组合								
10		矿区岩浆岩	矿区未见岩体及岩脉出露								
11		主要控矿构造	近东西向脆—韧性断层（含矿）为主，北西向、北东向脆性断层（不含矿）次之。沿主构造带形成了两条平行产出的铅锌矿矿体密集带								
12		成矿时代	晋宁期								
13		矿体形态产状	呈似层状、脉状（主要）和透镜状（次要）								
14		矿石工业类型	闪锌矿矿石、方铅矿矿石								
15		矿石矿物	矿石矿物以方铅矿、闪锌矿、黄铁矿为主，黄铜矿、磁黄铁矿少见。脉石矿物主要为石英、绢云母，少量白云石、方解石、绿帘石、石墨等								
16		围岩蚀变	硅化、碳酸盐化、绢云母化、绿泥石化、绿帘石化等								
17		矿床规模	小型，储量铅：3.7800×10^4 t；锌：6.7300×10^4 t								
18		剥蚀程度	浅剥蚀								
19	所属区域地球化学异常特征	成矿元素组合	主成矿元素：Pb、Zn；伴生元素：Ag、As、Cu、Sb								
20		地球化学景观	湿润的中低山森林区								
21		元素	面积（km²）	最大值	平均值	异常下限	标准差	富集系数	变异系数	成矿有利度	分带特征
22		Ag	17.84	0.48	0.30	142.3	0.16	2.91	0.53	0.00	中、外带
23		As	44.21	100.00	20.76	12	28.20	2.47	1.36	48.79	内、中、外带
24		Cu	26.02	91.67	48.15	37	5.08	1.67	0.11	6.61	中、外带
25		Pb	118.99	125.40	56.08	46.5	22.74	1.45	0.41	27.42	内、中、外带
26		Sb	46.67	1.92	1.65	1.49	0.21	1.59	0.13	0.23	外带
27		Zn1	21.66	360.00	179.69	130	106.83	1.73	0.59	147.66	内、中、外带
28		Zn2	54.96	165.20	147.86	130	11.99	1.42	0.08	13.64	中、外带
	其他	成矿率（V）	Pb：0.12%，Zn1：0.21%，Zn2：0.898%								

• 98 •

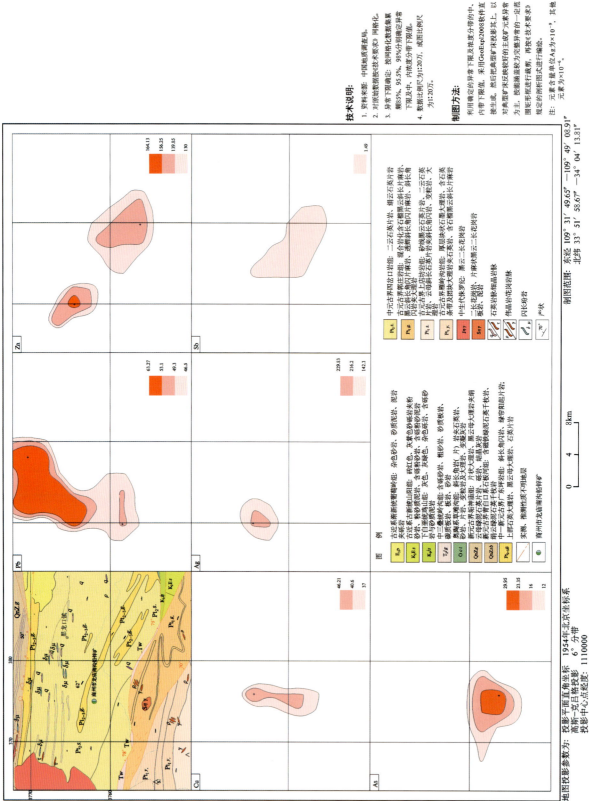

图 4.4 陕西省商州市龙庙南沟铅锌矿床区域地球化学异常剖析图

表 4.4 甘肃省代家庄铅锌矿主要地质、地球化学特征

序号	分类	分项名称	分项描述							
1	基本信息	矿床名称	甘肃省代家庄铅锌矿							
2		行政隶属	甘肃省宕昌县							
3		经度	104°28′02″							
4		纬度	34°06′00″							
5	地质特征	大地构造位置	秦祁昆造山系,秦岭弧盆系,中秦岭陆缘盆地							
6		成矿区(带)	Ⅲ-28 西秦岭铅、锌、铜(铁)、金、汞、锑成矿带							
7		成矿系列	西秦岭晚古生代早中期与碳酸盐岩-(火山)碎屑岩建造有关的铜、铅、锌、银、金矿床成矿系列							
8		矿床类型	层控内生型							
9		赋矿地层(建造)	矿区出露中—上泥盆统西汉水群,主要有黄家沟组($D_{2-3}h$)、红岭山组($D_{2-3}hl$)和双狼沟组($D_{2-3}s$)。含矿地层主要为黄家沟组($D_{2-3}h$)和双狼沟组($D_{2-3}s$)							
10		矿区岩浆岩	矿区内未见岩体及岩脉出露							
11		主要控矿构造	矿区地层总体呈一北西向、倾向北东的单斜构造,层间小褶曲和断裂构造较为发育							
12		成矿时代	泥盆纪							
13		矿体形态产状	矿体总体呈似层状产出,产状为 38°~40°∠42°~54°,与围岩产状基本一致							
14		矿石工业类型	矿床的矿石的工业类型主要为氧化矿,仅见少量的原生矿							
15		矿石矿物	主要有:菱锌矿(5%~95%)、白铅矿(5%~99%)、褐铁矿、赤铁矿及少量的铅矾矿、黄铁矿、闪锌矿、方铅矿							
16		围岩蚀变	蚀变主要有浸染状褐铁矿化、赤铁矿化、细脉状、网脉状、团块状方解石化,另外还有白云岩化、碳化、黏土化及少量的硅化、重晶石化等							
17		矿床规模	铅 $4.92×10^4$ t;锌 $15.32×10^4$ t							
18		剥蚀程度	中—浅剥蚀							
19	所属区域地球化学异常特征	成矿元素组合	成矿元素:Zn、Pb;伴生元素:Hg、As、Sb、Cd、Cu、Ag 等							
20		地球化学景观	陇南半湿润—湿润中低山区							
21		元素	面积(km^2)	最大值	平均值	异常下限	标准差	富集系数	变异系数	成矿有利度	分带特征
22		Zn	139.27	241.5	123.09	100	35.37	1.62	0.29	43.54	内、中、外带
23		Pb	91.19	44	36.25	31	3.47	1.53	0.10	4.06	内、中、外带
24		Ag	2.15	163	163	110	0	1.91	0	0.00	中、外带
25		Cd	162.83	0.39	0.23	170	0.05	1.22	0.21	0.00	内、中、外带
26		Sb	250.26	993.61	92.39	2	228.37	59.69	2.47	10 549.55	内、中、外带
27		Hg	187.52	9 999.99	1 381.50	140	2 632.53	21.67	1.91	25 977.43	内、中、外带
28		As	169.65	172.7	47.01	20	42.08	3.35	0.90	98.91	内、中、外带
	其他	成矿率(V)	Pb:1.33%;Zn:0.25%							

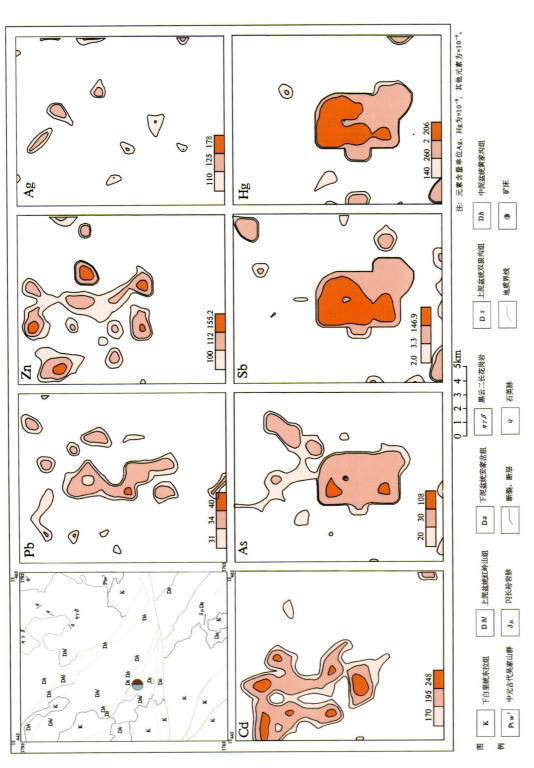

图4.5 甘肃省代家庄铅锌矿区域地球化学异常剖析图

地球化学特征：经1:5万水系沉积物测量，在代家庄矿区及外围圈定了综合异常14个，矿区综合异常面积达47.4km²，其中Pb元素异常强度达500×10⁻⁶，平均值为91.2×10⁻⁶，具有内、中、外浓度分带；Zn元素异常强度达1 200×10⁻⁶，平均值为238.1×10⁻⁶，具有内、中、外浓度分带；Hs-5异常的浓集中心经1:1万土壤测量共圈出Pb元素异常12个，Zn元素异常9个，Ag元素异常8个。组合异常呈北西—南东向两条近于平行带状展布，与区内主构造线（F₂、F₃）方向一致，明显受北西向断裂及中泥盆统西汉水群黄家沟组、双狼沟组控制。经槽探、硐探、钻探工程揭露控制，在Pb-5、Pb-3和Zn-4及Pb-3和Zn-3组合异常区发现的铅、锌、银矿（Ⅰ矿）体（化）体，其Pb-3和Zn-3组合异常区不同程度地发现了铅、锌、银矿（化）体，其Pb-3和Zn-3组合异常区不同程度地发现的铅、锌、银矿（Ⅰ矿）体（化）体已具大型矿床规模。

表 4.5 甘肃省厂坝铅锌矿主要地质、地球化学特征

序号	分类	分项名称	分项描述							
1	基本信息	矿床名称	甘肃省厂坝铅锌矿							
2		行政隶属	甘肃省成县							
3		经度	105°41′39″							
4		纬度	33°56′32″							
5	地质特征	大地构造位置	秦祁昆造山系,秦岭弧盆系,中秦岭陆缘盆地							
6		成矿区(带)	Ⅲ-28 西秦岭铅、锌、铜(铁)、金、汞、锑成矿带							
7		成矿系列	西秦岭晚古生代早中期与碳酸盐岩-(火山)碎屑岩建造有关的铜、铅、锌、银、金矿床成矿系列							
8		矿床类型	层控内生型							
9		赋矿地层(建造)	矿区内出露地层主要为下泥盆统安家岔组(D_1a),呈北西西向展布,为矿区主要赋矿地层							
10		矿区岩浆岩	辉石闪长岩,花岗闪长岩,花岗岩							
11		主要控矿构造	主要控矿断裂构造有两组,即走向断层组(为走向近东西的层间压扭性断层)和横向断层(为以北东向为主的横向压扭性—张扭性断层)							
12		成矿时代	成矿时代为泥盆纪,铅同位素成矿模式年龄 482~398Ma、460~429Ma(据张守训)							
13		矿体形态产状	矿体呈层状、似层状、透镜状,与围岩整合产出							
14		矿石工业类型	工业类型为原生矿。原生矿石类型又分为铅锌矿石、锌矿石两种类型							
15		矿石矿物	主要为闪锌矿、黄铁矿、方铅矿,其次为磁黄铁矿,少量黄铜矿、斜方硫锑铅矿、毒砂、磁铁矿等							
16		围岩蚀变	与成矿作用有关系的近矿围岩蚀变微弱,未能形成大规模的蚀变体(带)							
17		矿床规模	铅 151.51×10⁴ t;锌 830.1×10⁴ t							
18		剥蚀程度	中—浅剥蚀							
19	所属区域地球化学异常特征	成矿元素组合	成矿元素:Pb、Zn;伴生元素:Cd、Ag、Sb、As、Hg							
20		地球化学景观	陇南半湿润—湿润中低山区							
21		元素	面积(km²)	最大值	平均值	异常下限	标准差	富集系数	变异系数	成矿有利度	分带特征
22		Pb	173.63	3 240	185.46	48.3	519.55	7.83	2.80	1 994.94	内、中、外带
23		Zn	150.62	9 999.99	653.40	147.9	1 915.78	8.57	2.93	8 463.63	内、中、外带
24		Sb	58.50	64.1	10.75	2	21.54	6.94	2.00	115.78	内、中、外带
25		Hg	141.52	3 920	299.16	87.5	689.17	4.69	2.30	2 356.25	内、中、外带
26		Cd	156.36	4.5	0.77	0.338	0.92	4.16	1.19	2.10	内、中、外带
27		As	10.01	74.4	56.20	17.1	25.74	4.01	0.46	84.60	内、中、外带
28		Ag	372.19	5 100	295.33	108.5	686.13	3.46	2.32	1 867.60	内、中、外带
	其他	成矿率(V)	Pb:0.044%;Zn:0.065%							

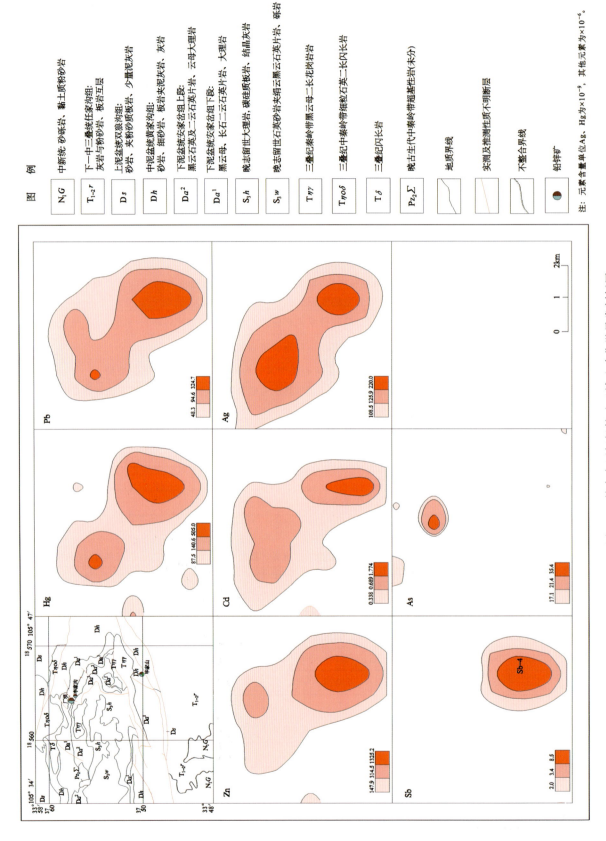

图 4.6 甘肃省厂坝铅锌矿区域地球化学异常剖析图

表4.6 青海省大柴旦镇锡铁山海相火山岩型铅锌矿主要地质、地球化学特征

序号	分类	分项名称	分项描述							
1	基本信息	矿床名称	大柴旦镇锡铁山海相火山岩型铅锌矿床							
2		行政隶属	青海省大柴旦镇							
3		经度	95°34′12″							
4		纬度	37°20′24″							
5	地质特征	大地构造位置	秦祁昆造山系柴达木北缘结合带滩间山火山弧							
6		成矿区(带)	Ⅲ-24 柴达木北缘铅、锌、锰、铬、铜、白云母成矿带(C,Vm-1)							
7		成矿系列	与海相火山-构造活动有关的铅锌矿成矿系列							
8		矿床类型	海相火山岩型铅锌矿							
9		赋矿地层(建造)	加里东期陆缘碎屑浊积岩建造							
10		矿区岩浆岩	熔岩有玄武岩、安山质玄武岩、安山岩、英安岩、角斑岩等；火山碎屑岩有安山质晶屑凝灰岩、英安质晶屑凝灰岩和沉凝灰岩等							
11		主要控矿构造	褶皱、断裂							
12		成矿时代	加里东期							
13		矿体形态产状	矿体形态似层状、透镜状、鞍状、平行脉状、矿囊、矿巢、矿株状。矿体与围岩的产状基本一致							
14		矿石工业类型	铅锌矿矿石							
15		矿石矿物	金属矿物为方铅矿、闪锌矿、黄铁矿、胶黄铁矿,其次见少量白铁矿、毒砂、黄铜矿、黄锡矿、磁黄铁矿、磁铁矿、铬铁矿、银金矿、金银矿、自然金、硫金银矿、黝锑银矿、银砷铜银矿、银锌砷铜银矿、银黝铜矿、硫镉矿、锡石、铜蓝、辉铜矿、金红石等							
16		围岩蚀变	硅化、黄铁矿化、白云石化、绢云母化、重晶石化、碳酸盐化、绿泥石化							
17		矿床规模	铅:大型,1 982 884t;锌:大型,2 401 153t,(平均品位:Pb 4.16%,Zn 4.86%)							
18		剥蚀程度	中—浅剥蚀							
19	所属区域地球化学异常特征	成矿元素组合	成矿元素:Pb、Zn、Ag;伴生元素:Cd、Au、Ti、Cr、Sn、As							
20		地球化学景观	沙漠-戈壁-风蚀残丘荒漠景观亚区							
21		元素	面积(km²)	最大值	平均值	异常下限	标准差	富集系数	变异系数	成矿有利度	分带特征
22		Pb	192	2 149.72	359.63	41	1 053.3	16.88	2.93	9 238.98	内、中、外带
23		Zn	144	2 855.36	623.46	89	1 824.24	11.58	2.93	12 779.11	内、中、外带
24		Cd	128	25.67	5.3	0.4	18.66	31.18	3.52	247.25	内、中、外带
25		Au	192	35.53	7.64	2.3	20.36	5.42	2.66	67.63	内、中、外带
26		Ag	128	1.31	0.38	90	0.68	6.33	1.79	0.00	内、中、外带
27		Ti	336	5 368.51	4 432.29	3 314	985.3	1.54	0.22	1 317.78	中、外带
28		Cr	320	105.71	86.92	59	41.4	1.83	0.48	60.99	中、外带
29		Sn	256	15.85	4.94	3	8.06	1.78	1.63	13.27	内、中、外带
30		As	192	82.22	25.91	14	32.02	2.2	1.24	59.26	内、中、外带
其他		成矿率(V)	Pb:0.011%,Zn:0.013%							

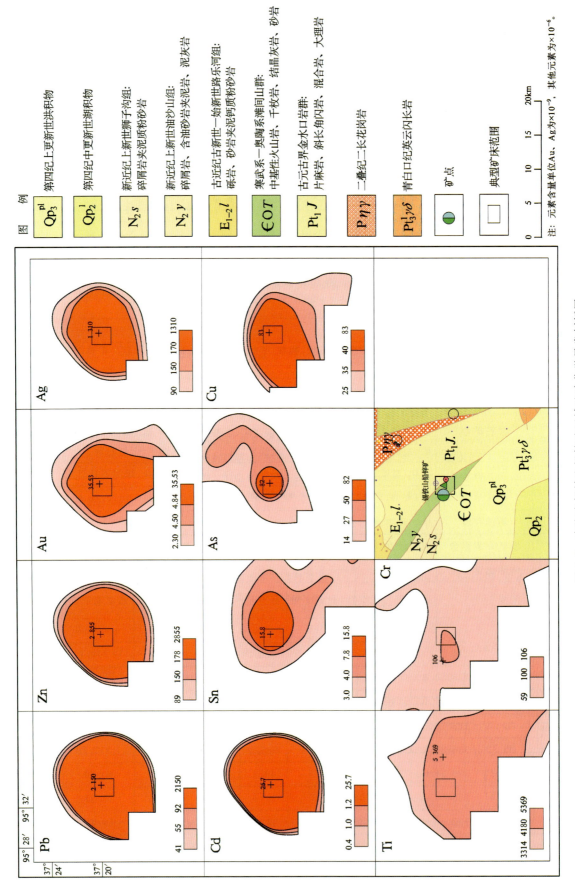

图 4.7 青海省锡铁山铅锌矿区域地球化学异常剖析图

表 4.7 青海省东莫扎抓铅锌矿主要地质、地球化学特征

序号	分类	分项名称	分项描述							
1	基本信息	矿床名称	东莫扎抓铅锌矿床							
2		行政隶属	青海省杂多县							
3		经度	95°15′00″							
4		纬度	33°10′12″							
5	地质特征	大地构造位置	处于欧亚大陆南缘、扬子古陆西缘,东坝-澜沧江缝合带北侧的古特提斯构造域							
6		成矿区(带)	Ⅲ-36 昌都-普洱(地块/造山带)铜、铅、锌、银、金、铁、汞、锑、石膏、菱镁矿、盐类成矿带							
7		成矿系列	与岩浆热液有关的铅锌矿成矿系列							
8		矿床类型	热液型铅锌矿床							
9		赋矿地层(建造)	喜马拉雅期灰岩、火山碎屑岩建造							
10		矿区岩浆岩	矿区内未见岩体及岩脉出露							
11		主要控矿构造	褶皱、断裂							
12		成矿时代	喜马拉雅期							
13		矿体形态产状	矿体形态矿体形态多呈似层状,条带状。矿体总体呈北西-南东走向,倾向345°～10°,倾角40°～50°							
14		矿石工业类型	闪锌矿矿石、方铅矿矿石							
15		矿石矿物	主要金属矿物有闪锌矿、方铅矿,其次为黄铜矿、黄铁矿、磁黄铁矿、白铁矿、褐铁矿、铜蓝、白铅矿等							
16		围岩蚀变	蚀变矿物组合:黄铁矿、褐铁矿、硅化、碳酸盐岩为主,次为重晶石							
17		矿床规模	铅:大型,$5.86×10^4$t;锌:大型,$89.74×10^4$t(平均品位:Pb 2.73%,Zn 2.78%)							
18		剥蚀程度	中—浅剥蚀							
19	所属区域地球化学异常特征	成矿元素组合	成矿元素:Pb、Zn;伴生元素:Cd、As、Hg、Cu							
20		地球化学景观	黄河源丘状高原地带							
21		元素	面积(km²)	最大值	平均值	异常下限	标准差	富集系数	变异系数	成矿有利度	分带特征
22		Zn	80	312.13	182.18	110	208.69	2.42	1.15	345.63	内、中、外带
23		Pb	80	116.25	62.03	36	85.07	1.58	1.37	146.58	内、中、外带
24		Cd	80	1.45	0.79	0.4	0.68	3.29	0.86	1.34	内、中、外带
25		As	96	64.21	44.45	26	25.04	1.54	0.56	42.81	中、外带
26		Hg	80	0.16	0.12	70	0.25	4	2.08	0.00	内、中、外带
27		Cu	48	40.35	37.22	31	13.45	1.81	0.36	16.15	内、中、外带
其他		成矿率(V)	Pb:0.05%,Zn:0.32%							

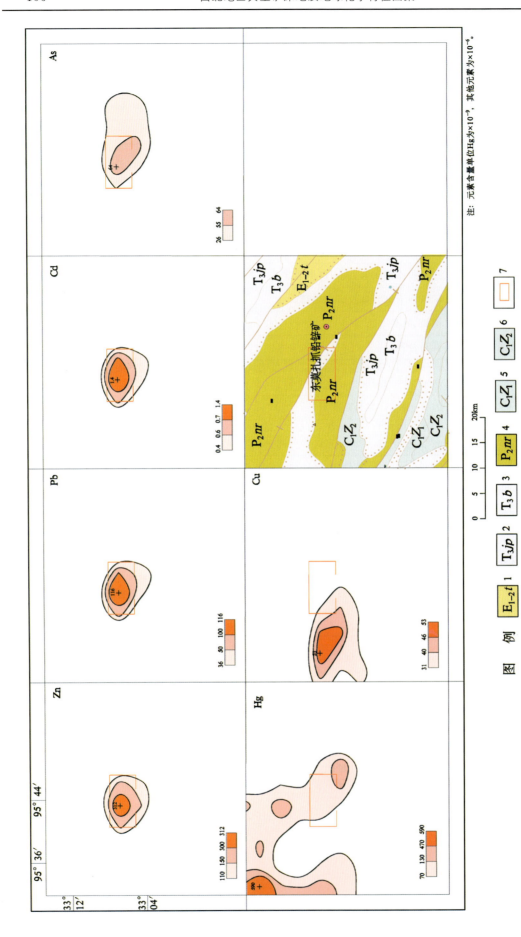

图 4.8 青海省东莫扎抓铅锌矿区域地球化学异常剖析图

表 4.8 青海省什多龙矽卡岩型铅锌(银)矿主要地质、地球化学特征

序号	分类	分项名称	分项描述							
1	基本信息	矿床名称	什多龙矽卡岩型铅锌(银)矿床							
2		行政隶属	青海省兴海县							
3		经度	99°04′48″							
4		纬度	36°01′12″							
5	地质特征	大地构造位置	东昆仑弧盆系,祁漫塔格-夏日哈岩浆弧与鄂拉山陆缘弧接合部西侧							
6		成矿区(带)	Ⅲ-26 东昆仑(造山带)铁、铅、锌、铜、钴、金、钨、锡、钒、钛、盐类矿带(Pt,O,C,P,Q)							
7		成矿系列	与海西期—印支期花岗岩有关的铁-多金属、锡、金、钼、铍、铌、钽、铜、铅、锌、银矿床成矿系列							
8		矿床类型	矽卡岩型铅锌银多金属矿床							
9		赋矿地层(建造)	早石炭世碳酸盐岩建造							
10		矿区岩浆岩	花岗闪长岩							
11		主要控矿构造	褶皱、断裂							
12		成矿时代	印支晚期—燕山早期							
13		矿体形态产状	矿体形态多为较规则的似层状、透镜状,少数为脉状。矿带分布一般与岩层产状一致,并随岩层产状的变化而变化,主矿体走向近东西,倾向北							
14		矿石工业类型	闪锌矿矿石、方铅矿矿石							
15		矿石矿物	主要金属有闪锌矿、方铅矿,其次为黄铜矿、黄铁矿、磁黄铁矿、白铁矿、褐铁矿、铜蓝、白铅矿等							
16		围岩蚀变	蚀变矿物组合主要为透辉石(或次透辉石),占85%~95%;其次为透闪石、阳起石、石榴子石、绿帘石、硅灰石、方解石、绿泥石、白云母							
17		矿床规模	铅:小型,$6.5×10^4$t;锌:中型,$22.22×10^4$t;铜:矿点,$0.07175×10^4$t;银:小型,179t(平均品位:Pb 1.08%,Zn 3.94%,Cu 1.66%,Ag 183.7g/t)							
18		剥蚀程度	中—浅剥蚀							
19	所属区域地球化学异常特征	成矿元素组合	成矿元素:Pb、Zn、Ag、Cu;伴生元素:W、Bi、Nb、Sn、Cd、Au							
20		地球化学景观	青海省东部凉温河谷森林山地草原半干旱区							
21		元素	面积(km^2)	最大值	平均值	异常下限	标准差	富集系数	变异系数	成矿有利度	分带特征
22		W	400	9.9	5.74	4.19	4.41	3.59	0.77	6.04	内、中、外带
23		Bi	320	4.03	1.96	0.99	3.45	6.13	1.76	6.83	内、中、外带
24		Nb	400	23.97	19.35	16.79	2.21	1.76	0.11	2.55	中、外带
25		Ag	256	0.13	0.1	0.09	0.17	1.67	1.7	0.19	内、中、外带
26		Sn	208	11.66	7.15	5.05	3.73	2.57	0.52	5.28	内、中、外带
27		Cu	256	34.53	24.82	22.27	44.41	1.26	1.79	49.50	内、中、外带
28		Cd	192	0.73	0.47	0.32	0.79	2.76	1.68	1.16	内、中、外带
29		Pb	208	79.26	47.76	37.64	41.02	2.24	0.86	52.05	内、中、外带
	其他	成矿率(V)	Pb:0.06%							

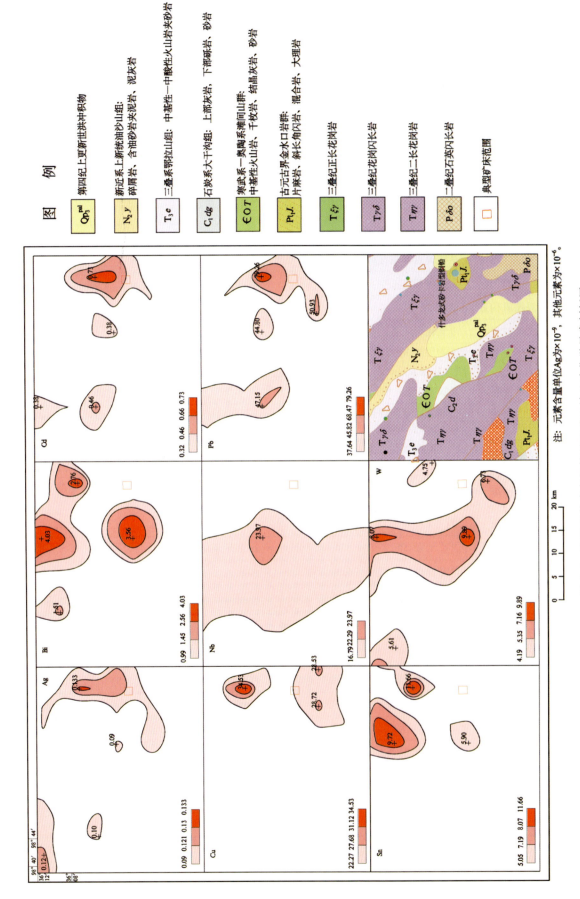

图 4.9 青海省什多龙铅锌（银）矿区域地球化学异常剖析图

表 4.9 新疆维吾尔自治区鄯善县彩霞山铅锌矿主要地质、地球化学特征

序号	分类	分项名称	分项描述								
1	基本信息	矿床名称	新疆维吾尔自治区鄯善县彩霞山铅锌矿								
2		行政隶属	新疆维吾尔自治区鄯善县彩霞山								
3		经度	91°20′50″								
4		纬度	41°41′47″								
5	地质特征	大地构造位置	位于塔里木板块北缘、卡瓦布拉克断裂与阿其克库都克区域性大型推覆断裂之间的卡瓦布拉克-星星峡中间地块								
6		成矿区(带)	Ⅲ-11 伊犁南缘-中天山-旱山铁、铜、镍、金、锰、铅、锌、白云母成矿带								
7		成矿系列	与碳酸盐岩-碎屑岩及热液活动有关的铅锌多金属成矿系列								
8		矿床类型	碳酸盐岩-碎屑岩型(改造)矿床								
9		赋矿地层(建造)	长城系星星峡群(ChX)一岩性段,为浅海相碎屑岩-碳酸盐岩建造								
10		矿区岩浆岩	以石炭纪石英闪长岩、闪长玢岩、石英二长岩、辉长岩为主								
11		主要控矿构造	东西向彩霞山断裂形成破碎带,控制了铅锌矿矿化蚀变带的展布								
12		成矿时代	中元古代长城纪								
13		矿体形态产状	似层状产出,走向近东西,倾向南,倾角 60°~85°								
14		矿石工业类型	铅锌(银)矿石								
15		矿石矿物	方铅矿、闪锌矿、黄铁矿、磁黄铁矿								
16		围岩蚀变	有硅化、透闪石化、白云石化、闪锌矿化、方铅矿化、黄铁矿化、绿泥石化、绢云母化、磁黄铁矿化、绿帘石化								
17		矿床规模	铅+锌:348.08×10⁴ t(平均品位:Zn 2.81%,Pb 0.78%)								
18		剥蚀程度	浅剥蚀								
19	所属区域地球化学异常特征	成矿元素组合	成矿元素:Pb、Zn、Ag;伴生元素:Au、Cd、Cu、W、Sn、Mo、As、Sb、Bi、Hg								
20		地球化学景观	干旱剥蚀丘陵区								
21		元素	面积(km²)	最大值	平均值	异常下限	标准差	富集系数	变异系数	成矿有利度	分带特征
22		Pb	15.67	90.6	42.8	20	41.399	3.051	0.967	88.59	内、中、外带
23		Zn	9.75	73.5	59.2	77	20.223	1.184	0.342	15.55	内、中、外带
24		Cd	28.04	0.3	0.18	150	64.464	1.781	0.358	0.08	内、中、外带
25		Sb	16.64	0.93	0.725	0.69	0.198	1.48	0.273	0.21	中、外带
26		Hg	18.33	59.4	26.84	9	21.409	1.923	0.798	63.85	内、中、外带
27		Mo	6.91	1.2	1.15	1.5	0.071	1.055	0.062	0.05	中、外带
28		Cr	5.95	63.4	47.25	50	22.84	1.26	0.483	21.58	外带
29		Co	3.02	9.3	9.3	12	0	1.054	0	0.00	外带
30		Ti	5.3	3 600	3 275	3 450	459.619	1.196	0.14	436.30	外带
31		V	5.17	109	94.35	100	20.718	1.454	0.22	19.55	外带
32		Pb	15.67	90.6	42.8	20	41.399	3.051	0.967	88.59	内、中、外带
其他		成矿率(V)	Pb+Zn:334%								

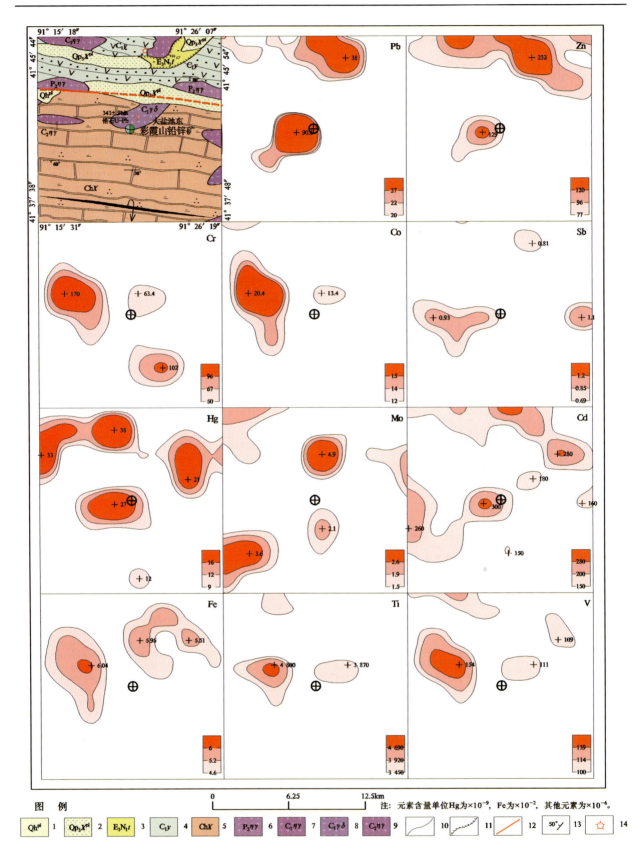

图 4.10 新疆维吾尔自治区鄯善县彩霞山铅锌矿区域地球化学异常剖析图

1.全新世洪积；2.晚更新世洪积；3.桃树园组；4.雅满苏组；5.星星峡岩群；6.中二叠世二长花岗岩；7.早石炭世二长花岗岩；8.早石炭世花岗闪长岩；9.晚石炭世二长花岗岩；10.地质界线；11.不整合界线；12.一般断裂；13.地层产状；14.火山口

表4.10 新疆维吾尔自治区富蕴县可可塔勒铅锌矿主要地质、地球化学特征

序号	分类	分项名称	分项描述								
1	基本信息	矿床名称	新疆维吾尔自治区富蕴县可可塔勒铅锌矿								
2		行政隶属	新疆维吾尔自治区富蕴县可可塔勒								
3		经度	89°04′00″								
4		纬度	47°25′30″								
5	地质特征	大地构造位置	位于西伯利亚板块阿尔泰造山带南缘陆缘活动带东端的麦兹泥盆纪火山盆地中,受北西向构造控制								
6		成矿区(带)	Ⅲ-2南阿尔泰(裂陷盆地)铜、铅、锌、铁、金、稀有金属、铀、白云母、宝石成矿带(Pt_2,Ce、Ve、Vl、I-Ye)								
7		成矿系列	与火山-沉积岩容矿有关的铅锌多金属成矿系列								
8		矿床类型	海底火山喷流-沉积矿床								
9		赋矿地层(建造)	下泥盆统康布铁堡组上亚组二岩性段(D_1k^2)中部								
10		矿区岩浆岩	矿区内未见岩体及岩脉出露								
11		主要控矿构造	北西向断裂控制								
12		成矿时代	泥盆纪								
13		矿体形态产状	层状矿体,走向一般为310°~340°								
14		矿石工业类型	铅锌矿矿石								
15		矿石矿物	磁黄铁矿、黄铁矿、铁闪锌矿、方铅矿,次为磁铁矿、白铁矿、锡石、毒砂等								
16		围岩蚀变	主要有钾长石化、硅化、绢云母化、绿泥石化、碳酸盐化等								
17		矿床规模	$227×10^4$ t(平均品位:Pb 1.51%、Zn 3.16%)								
18		剥蚀程度	中—浅剥蚀								
19	所属区域地球化学异常特征	成矿元素组合	成矿元素:Pb、Zn、Ag;伴生元素:As、Sb、Bi、Mn、Cd、Hg等								
20		地球化学景观	干旱剥蚀低山区								
21		元素	面积(km²)	最大值	平均值	异常下限	标准差	富集系数	变异系数	成矿有利度	分带特征
22		Pb	49.77	141.68	61.92	30	41.458	3.606	0.67	85.57	内、中、外带
23		Zn	105.6	432.7	187.2	100	84.24	2.411	0.45	157.70	内、中、外带
24		Ag	10.79	290	200	100	127.279	2.542	0.636	254.56	内、中、外带
25		Cd	88.32	0.848	0.315	155	177.987	2.067	0.566	0.36	内、中、外带
26		As	10.43	10.6	9.933 33	7.4	0.833	1.597	0.084	1.12	外带
27		Cu	5.4	45.24	45.24	28	0	1.482	0	0.00	中、外带
28		Mn	37.64	1642	1 318.22	1 000	210.162	1.554	0.159	277.04	内、中、外带
其他		成矿率(V)	Pb+Zn:93%								

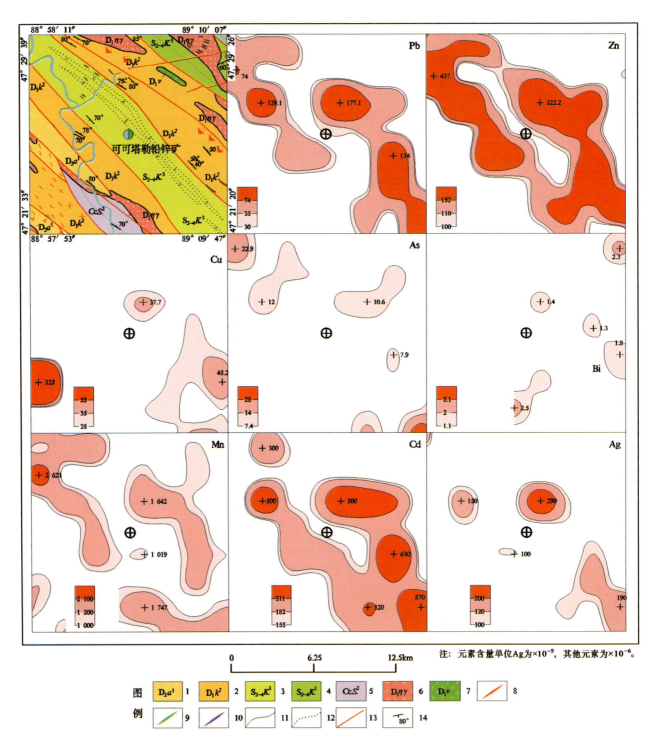

图 4.11 新疆维吾尔自治区富蕴县可可塔勒铅锌矿区域地球化学异常剖析图

1.阿勒泰组;2.康布铁堡组;3.库鲁木提岩群三段;4.库鲁木提岩群一段;5.苏普特岩群;6.二长花岗岩;7.角闪石岩、辉长岩;
8.酸性岩脉;9.基性岩脉;10.超基性岩脉;11.地质界线;12.岩相界线;13.一般断裂;14.产状

表 4.11 新疆维吾尔自治区乌恰县乌拉根铅锌矿主要地质、地球化学特征

序号	分类	分项名称	分项描述							
1	基本信息	矿床名称	新疆维吾尔自治区乌恰县乌拉根铅锌矿							
2		行政隶属	新疆维吾尔自治区乌恰县乌拉根							
3		经度	75°03′45″							
4		纬度	39°40′00″							
5	地质特征	大地构造位置	位于塔里木板块西南缘中—新生代喀什沉积盆地西端乌恰盆地内							
6		成矿区（带）	Ⅲ-16 塔里木盆地（中央地块）石油、天然气、煤、铀、铅、锌、铁、钒、钛、盐类（钾盐）、砂金成矿区（Pz,Mz,Kz）							
7		成矿系列	与陆源海相碎屑岩-碳酸盐岩有关的铅锌多金属成矿系列							
8		矿床类型	砂砾岩型铅锌矿							
9		赋矿地层（建造）	白垩系克孜勒苏组（K_1kz）（新划分为古新统乌拉根组）中,古新世陆源海相碎屑岩建造							
10		矿区岩浆岩	矿区内未见岩体及岩脉出露							
11		主要控矿构造	北西向隐伏断裂							
12		成矿时代	古近纪古新世早期,同位素年龄 54～45.4Ma							
13		矿体形态产状	似层状							
14		矿石工业类型	铅锌矿石							
15		矿石矿物	以闪锌矿、方铅矿、黄铁矿为主,其次是少量毒砂和黄铜矿							
16		围岩蚀变	主要是石膏化、碳酸盐化、天青石化和黄铁矿化							
17		矿床规模	铅＋锌:295.5×10^4 t（平均品位:Pb 0.57%,Zn 2.84%）							
18		剥蚀程度	浅剥蚀							
19	所属区域地球化学异常特征	成矿元素组合	成矿元素:Pb、Zn;伴生元素:Ag、Cd、Cu、W、Sn、Mo、As							
20		地球化学景观	干旱剥蚀低山区							
21		元素	面积（km^2）	最大值	平均值	异常下限	标准差	富集系数	变异系数	成矿有利度	分带特征
22		Pb	55.25	230	76.0091	25	57.79	5.246	0.76	175.70	内、中、外带
23		Zn	25.11	409	224.5	95	100.47	3.959	0.448	237.43	内、中、外带
24		Ag	27.07	760	430	100	216.333	6.479	0.503	930.23	内、中、外带
25		Cd	44.93	1.2	0.671	0.24	262.08	4.268	0.391	732.73	内、中、外带
26		W	45.47	8.8	4.85636	2.4	2.015	3.794	0.415	4.08	内、中、外带
其他		成矿率（V）	Pb+Zn:71.5%							

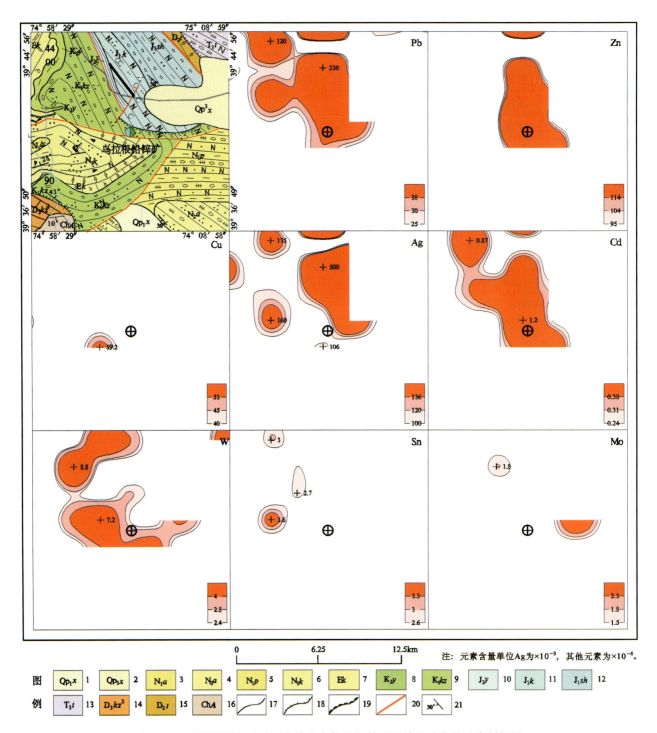

图 4.12 新疆维吾尔自治区乌恰县乌拉根铅锌矿区域地球化学异常剖析图

1.第四系下更新统;2.第四系上更新统;3.新近系安居安组;4.新近系阿图什组;5.新近系帕卡布拉克组;6.新近系克孜洛依组;7.新近系克孜洛依组;8.白垩系依格孜牙组;9.白垩系克孜勒苏组;10.侏罗系杨叶组;11.侏罗系康苏组;12.侏罗系莎里塔什组;13.三叠系塔里奇克组;14.泥盆系克孜勒陶组;15.泥盆系托格买提组;16.阿克苏群;17.地质界线;18.角度不整合界线;19.地层平行不整合界线;20.大断裂;21.地层产状

表4.12 新疆维吾尔自治区若羌县维宝铅锌矿主要地质、地球化学特征

序号	分类	分项名称	分项描述							
1	基本信息	矿床名称	新疆维吾尔自治区若羌县维宝铅锌矿							
2		行政隶属	新疆维吾尔自治区若羌县冰沟							
3		经度	91°07′00″							
4		纬度	37°07′17″							
5	地质特征	大地构造位置	属塔里木-华北板块中的柴达木微板块之祁漫塔格古生代复合沟弧带							
6		成矿区(带)	Ⅲ-26 东昆仑(造山带)铁、铅、锌、铜、钴、金、钨、锡、钒、钛、盐类矿带(Pt,O,C,P,Q)							
7		成矿系列	与碳酸盐岩有关的铅锌多金属成矿系列							
8		矿床类型	层控矽卡岩型铅锌矿床							
9		赋矿地层(建造)	蓟县系狼牙山组(Jxl)							
10		矿区岩浆岩	无							
11		主要控矿构造	主要为北西-南东向逆断层							
12		成矿时代	前寒武纪为主成矿期,晚三叠世为热液叠加改造期							
13		矿体形态产状	呈脉状							
14		矿石工业类型	铅锌铜银矿石							
15		矿石矿物	主要为方铅矿、闪锌矿、黄铜矿、黄铁矿等,其次为蓝铜矿、褐铁矿、磁铁矿等							
16		围岩蚀变	主要为透辉石化、绿泥石-绿帘石化、纤闪石化及碳酸盐化、硅化、绢云母化等							
17		矿床规模	铅+锌:61.43×10⁴t(平均品位:Pb 0.98%,Zn 1.18%)							
18		剥蚀程度	浅剥蚀							
19	所属区域地球化学异常特征	成矿元素组合	成矿元素:Pb、Zn、Ag;伴生元素:Au、Ag、As、Sb、Cd、W、Sn、Mo、Bi							
20		地球化学景观	干旱大起伏极高山区							
21		元素	面积(km²)	最大值	平均值	异常下限	标准差	富集系数	变异系数	成矿有利度	分带特征
22		Pb	59.19	291.4	50.963 2	27	62.118	2.592	1.219	117.25	内、中、外带
23		Zn	68.01	358.7	112.895	80	60.088	1.877	0.532	84.80	内、中、外带
24		Ag	105.61	1 673	183.667	80	274.822	2.925	1.496	630.95	内、中、外带
25		Cd	74.65	2.18	0.433	0.2	433.331	3.545	1.002	938.16	内、中、外带
26		Cu	37.38	93.1	55.812 5	30	19.04	2.744	0.341	35.42	内、中、外带
27		Mo	76.08	5.66	2.555 38	1.5	1.053	2.971	0.412	1.79	内、中、外带
28		As	48.96	144	40.358 8	18	36.068	3.279	0.894	80.87	内、中、外带
29		Sb	22.81	3.8	2.836 67	1.6	0.575	2.955	0.203	1.02	内、中、外带
其他		成矿率(V)	Pb+Zn:30.4%							

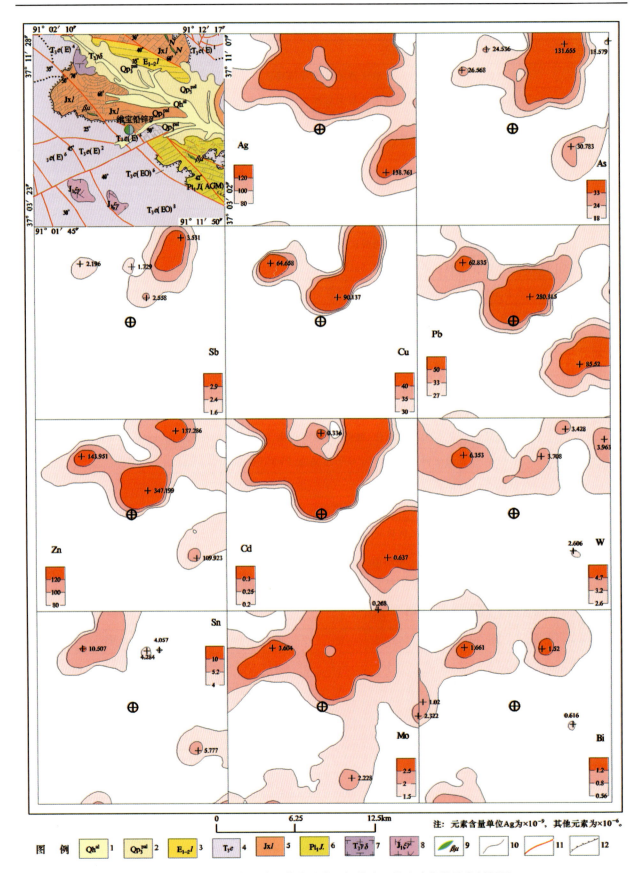

图 4.13 新疆维吾尔自治区若羌县维宝铅锌矿区域地球化学异常剖析图

1.全新世冲积;2.晚更新世冲洪积;3.路乐河组;4.鄂拉山组;5.狼牙山组;6.金水口岩群;7.三叠纪花岗闪长岩;
8.侏罗纪钾长花岗岩;9.辉绿岩;10.地质界线;11.断层;12.不整合地质界线

5. 锑 矿

表 5.1 陕西省丹凤县蔡凹锑矿床主要地质、地球化学特征

序号	分类	分项名称	分项描述							
1	基本信息	矿床名称	丹凤县蔡凹锑矿床							
2		行政隶属	陕西省丹凤县蔡凹							
3		经度	110°19′00″							
4		纬度	33°51′00″							
5	地质特征	大地构造位置	$Ⅳ_9^1$ 北秦岭岩浆弧							
6		成矿区(带)	Ⅲ-63 华北陆块南缘铁、铜、金、铅、锌、铝土矿、硫铁矿、萤石、煤成矿带							
7		成矿系列	与热水渗滤作用有关的汞锑矿床成矿系列							
8		矿床类型	热液型							
9		赋矿地层(建造)	中元古界秦岭群中亚群雁岭沟组(Pt_2yn)第二岩性段和三岩性段							
10		矿区岩浆岩	矿区内未见岩体及岩脉出露							
11		主要控矿构造	韧性剪切带,其次赋存于雁岭沟组第三岩性段(Pt_2yn^3)的破碎带							
12		成矿时代	燕山期							
13		矿体形态产状	呈似层状、脉状(主要)和透镜状(次要)							
14		矿石工业类型	辉锑矿矿石							
15		矿石矿物	金属矿物主要为辉锑矿,其次为少量的黄铁矿、菱铁矿。脉石矿物主要有石英、方解石,其次为少量高岭土、绢云母、重晶石等							
16		围岩蚀变	硅化和辉锑矿化							
17		矿床规模	中型,储量 $8.4314×10^4$ t							
18		剥蚀程度	浅剥蚀							
19	所属区域地球化学异常特征	成矿元素组合	主成矿元素 Sb;伴生元素 Au、Cu、Sn							
20		地球化学景观	湿润的中低山森林区							
21		元素	面积(km^2)	最大值	平均值	异常下限	标准差	富集系数	变异系数	成矿有利度	分带特征
22		Au	16	5.33	3.01	2.43	1.18	2.10	0.39	1.46	外带
23		Cu	21	144.75	71.87	37	44.01	2.50	0.61	85.49	内、中、外带
24		Sb	128	900	36.59	1.49	159.31	35.18	4.35	3 912.18	内、中、外带
25		Sn	17	3.90	3.77	3.3	0.04	1.40	0.08	0.05	中、外带
	其他	成矿率(V)	Sb:0.001 7%							

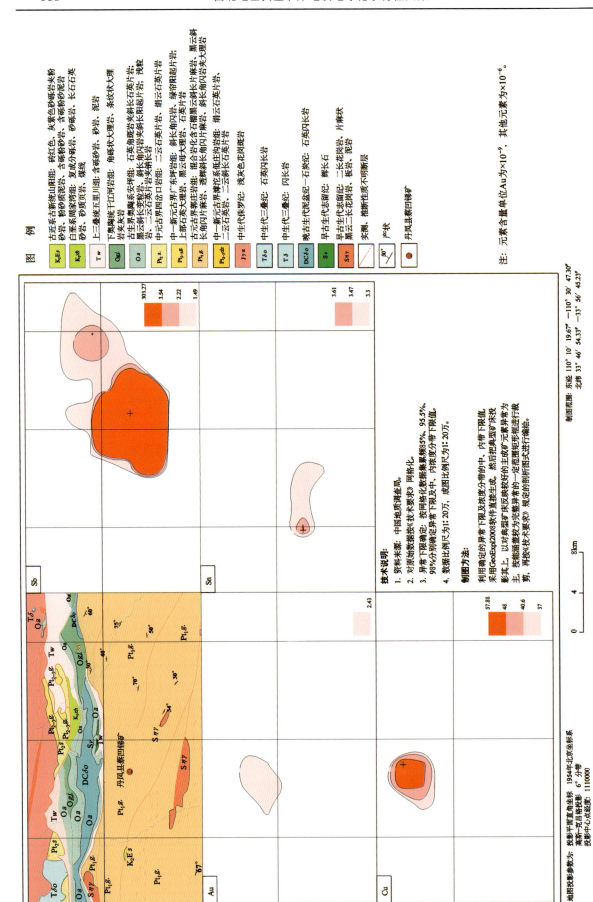

图 5.1 陕西省丹凤县蔡凹锑矿区域地球化学异常剖析图

表 5.2 甘肃省崖湾锑矿主要地质、地球化学特征

序号	分类	分项名称	分项描述							
1	基本信息	矿床名称	甘肃省崖湾锑矿							
2		行政隶属	甘肃省西和县							
3		经度	105°04′24″							
4		纬度	33°40′25″							
5	地质特征	大地构造位置	秦祁昆造山系,秦岭弧盆系,泽库前陆盆地							
6		成矿区(带)	Ⅲ-28 西秦岭铅、锌、铜(铁)、金、汞、锑成矿带							
7		成矿系列	西秦岭中生代(三叠纪)与海相沉积作用及燕山期岩浆-热液作用有关的金、汞、砷、锑、银、铅、锌矿床成矿系列							
8		矿床类型	热液型							
9		赋矿地层(建造)	中生界三叠系马拉松多组(T_1m)薄层灰岩,中厚层灰岩							
10		矿区岩浆岩	区内岩浆岩分布较少,仅见一些长英岩脉,呈脉状产出,并受层间裂隙和断裂所控制							
11		主要控矿构造	断裂构造按其产状可分为走向断层和横断层两类:走向断层为成矿前断裂,为容矿和控矿构造;横断层多为成矿后期断层,对矿体有一定的破坏作用							
12		成矿时代	印支—燕山期							
13		矿体形态产状	一般呈似层状及脉状、透镜状和扁豆状,其形态较复杂,沿走向、倾向都存在分枝、复合、膨缩及尖灭再现现象。矿体产状变化较大,总方位北东30°,倾向320°~350°,倾角65°左右							
14		矿石工业类型	原生矿石							
15		矿石矿物	以辉锑矿为主,黄铁矿、白铁矿次之;次生氧化矿物有锑锗石、黄锑华、褐铁矿							
16		围岩蚀变	主要蚀变包括硅化、方解石化、黄铁矿化和萤石化等							
17		矿床规模	$14.94×10^4$ t							
18		剥蚀程度	中—浅剥蚀							
19	所属区域地球化学异常特征	成矿元素组合	成矿元素:Sb;伴生元素:As、Au、Bi、W、Ag、Pb 等							
20		地球化学景观	陇南半湿润—湿润中低山区							
21		元素	面积(km^2)	最大值	平均值	异常下限	标准差	富集系数	变异系数	成矿有利度	分带特征
22		Sb	188.1	654	23.71	3	97.79	15.32	4.12	772.87	内、中、外带
23		As	182.62	155.2	53.62	29	34.76	3.82	0.65	64.27	中、外带
24		Au	96.02	13	9.5	3.5	5.5	3.86	0.58	14.93	中、外带
25		Bi	80.39	1.7	0.61	0.45	0.33	1.79	0.54	0.45	中、外带
26		W	80.46	3.8	2.82	2.1	0.7	1.45	0.25	0.94	外带
27		Ag	12.21	320	280	140	59.09	3.28	0.21	118.18	外带
28		Sn	8.29	11	7.85	4	4.45	2.70	0.57	8.73	外带
29		Cr	10.68	136	118	92	18.17	1.81	0.15	23.31	外带
30		Pb	8.57	42.07	42.09	31	4.12	1.78	0.10	5.59	外带
其他		成矿率(V)	Sb:0.01%							

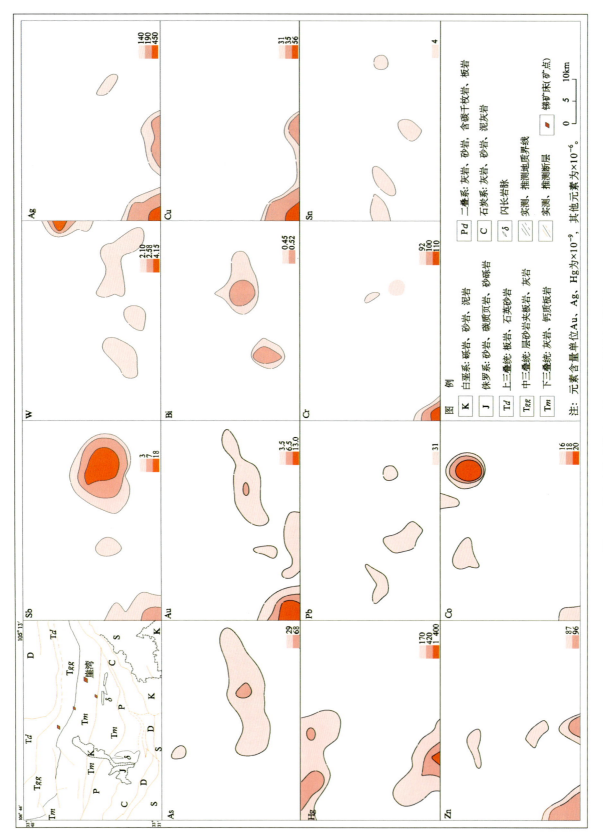

图 5.2 甘肃省崖湾锑矿区域地球化学异常剖析图

表5.3 新疆维吾尔自治区民丰县黄羊岭锑矿主要地质、地球化学特征

序号	分类	分项名称	分项描述							
1	基本信息	矿床名称	新疆维吾尔自治区民丰县黄羊岭锑矿							
2		行政隶属	新疆维吾尔自治区民丰县黄羊岭							
3		经度	83°30′51″							
4		纬度	36°01′17″							
5	地质特征	大地构造位置	属华南板块中的可可西里陆缘活动带							
6		成矿区(带)	Ⅲ-31 南巴颜喀拉-雅江锂、铍、金、铜、锌、水晶成矿带(Pt_2,I,Q)							
7		成矿系列	与碎屑岩有关的锑多金属成矿系列							
8		矿床类型	低温热液充填型矿床							
9		赋矿地层(建造)	下中二叠统黄羊岭组下段($P_{1-2}h^1$)海相陆源碎屑岩,岩性为细粒钙质岩屑砂岩、长石岩屑砂岩、泥质粉砂岩							
10		矿区岩浆岩	矿区内未见岩体及岩脉出露							
11		主要控矿构造	东西向压扭性断裂							
12		成矿时代	晚二叠世							
13		矿体形态产状	呈脉状、细脉状							
14		矿石工业类型	锑矿石							
15		矿石矿物	有辉锑矿和少量闪锌矿、黄铁矿、黑钨矿等							
16		围岩蚀变	主要有硅化(石英岩化)、角砾化、绢云母化、泥化、碳酸盐化、褐铁矿化以及辉锑矿化等							
17		矿床规模	$0.4848×10^4$t(Sb 平均品位 6.71%)							
18		剥蚀程度	浅剥蚀							
19	所属区域地球化学异常特征	成矿元素组合	成矿元素:Sb;伴生元素:As、Hg、W、Cu、Ba、Zn							
20		地球化学景观	干旱中小起伏高山区							
21		元素	面积(km²)	最大值	平均值	异常下限	标准差	富集系数	变异系数	成矿有利度	分带特征
22		Sb	73.61	8.55	4.485	2.8	2.067	4.672	0.461	3.31	内、中、外带
23		As	17.26	39.4	27.36	20	7.915	2.223	0.289	10.83	内、中、外带
24		Au	16.67	2	1.283	1.8	0.769	1.136	0.599	0.55	中、外带
25		Hg	116.53	2 200	404.70	150	386.307	10.897	0.955	1 042.26	内、中、外带
26		Ba	33.89	1 330	850.78	650	341.346	1.573	0.401	446.79	内、中、外带
27		W	60.1	3.9	2.537	2	0.491	1.648	0.193	0.62	内、中、外带
28		U	11.32	3.2	2.766	2.5	0.379	1.33	0.137	0.42	中、外带
其他		成矿率(V)	Sb:0.199%							

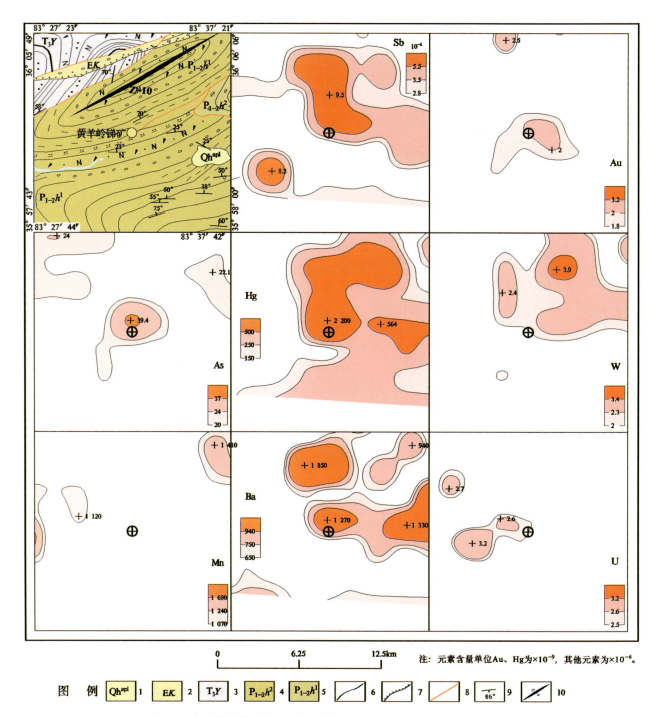

图 5.3 新疆维吾尔自治区民丰县黄羊岭锑矿区域地球化学异常剖析图

1.全新世冲洪积;2.喀什群;3.云雾岭群;4.黄羊岭组二段;5.黄羊岭组一段;6.地质界线;
7.角度不整合界线;8.一般断层;9.产状;10.背斜构造

6. 锡 矿

表6.1 青海省都兰县小卧龙矽卡岩型锡(铁)矿主要地质、地球化学特征

序号	分类	分项名称	分项描述							
1	基本信息	矿床名称	都兰县小卧龙矽卡岩型锡(铁)矿床							
2		行政隶属	青海省都兰县							
3		经度	98°22′48″							
4		纬度	36°23′24″							
5	地质特征	大地构造位置	秦祁昆造山系,东昆仑弧盆系,祁漫塔格北坡-夏日哈岩浆弧							
6		成矿区(带)	Ⅲ-28 西秦岭铅、锌、铜(铁)、金、汞、锑成矿带							
7		成矿系列	东昆仑与印支(—燕山)旋回期岩浆作用有关的铁、铅、锌、铜、钴、金、钨、锡矿床成矿系列							
8		矿床类型	矽卡岩型锡矿床							
9		赋矿地层(建造)	奥陶纪碳酸盐岩建造							
10		矿区岩浆岩	斑状二长花岗岩							
11		主要控矿构造	断裂							
12		成矿时代	印支期							
13		矿体形态产状	矿体形态:透镜状居多,似层状次之。与矿体产状围岩地层产状一致,走向近东西向,倾向南							
14		矿石工业类型	锡矿石							
15		矿石矿物	磁铁矿、锡石、白钨矿、黄铁矿、黄铜矿、辉铜矿、闪锌矿、磁黄铁矿、方铅矿等							
16		围岩蚀变	蚀变矿物组合主要为:透辉石、透闪石、阳起石、石榴子石、绿帘石、硅灰石、方解石、绿泥石、白云母							
17		矿床规模	锡:中型,14 617.16t(平均品位:1.40%)							
18		剥蚀程度	中—浅剥蚀							
19		成矿元素组合	成矿元素:Sn;伴生元素:Pb、Ag、Li、Bi、Zn、B							
20		地球化学景观	柴达木盆地南缘中深切割山地岩漠-草原-草甸(寒漠)地带							
21	所属区域地球化学异常特征	元素	面积(km^2)	最大值	平均值	异常下限	标准差	富集系数	变异系数	成矿有利度	分带特征
22		Pb	128	309.77	113.61	30.8	199.72	5.33	1.76	736.69	内、中、外带
23		Sn	176	4.67	3.93	3.28	2.46	1.41	0.63	2.95	内、中、外带
24		Ag	96	0.36	0.18	0.1	0.26	3	1.44	0.47	内、中、外带
25		Li	112	33.93	32.64	29.02	2.74	1.23	0.08	3.08	外带
26		Bi	80	1.17	0.84	0.71	0.15	2.63	0.18	0.18	中、外带
27		Zn	64	157.27	109.49	81.48	95.85	2.03	0.88	128.80	内、中、外带
28		B	64	69.13	55.49	44.78	21.35	1.39	0.38	26.46	中、外带
	其他	成矿率(V)	Sn:0.28%							

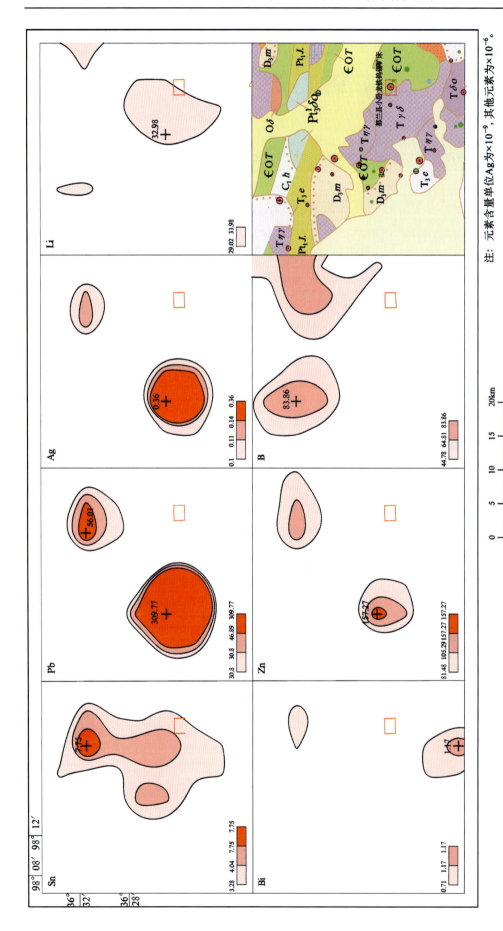

图 6.1 青海省小卧龙锡(铁)矿区域地球化学异常剖析图

1.三叠系鄂拉山组:中基性—中酸性火山岩夹砂岩;2.石炭系怀头他拉组:灰岩夹砂岩、页岩;3.泥盆系牦牛山组:上部中基性—中酸性火山岩,下部碎屑岩;4.寒武系—奥陶系滩间山群:中基性火山岩、千枚岩、结晶灰岩、砂岩;5.古元古界金水口岩群:片麻岩、斜长角闪岩、大理岩、混合岩;6.三叠纪花岗岩;7.三叠纪二长花岗岩;8.三叠纪石英闪长岩;9.奥陶纪闪长岩;10.青白口纪石英闪长岩;11.典型矿床范围

表 6.2 青海省日龙沟海相火山-沉积型锡铅锌矿主要地质、地球化学特征

序号	分类	分项名称	分项描述							
1	基本信息	矿床名称	日龙沟海相火山-沉积型锡铅锌矿床							
2		行政隶属	青海省海南藏族自治州兴海县							
3		经度	99°38′24″							
4		纬度	35°20′24″							
5	地质特征	大地构造位置	秦祁昆造山系,东昆仑弧盆系,赛什塘-兴海蛇绿混杂岩带(P—T)中							
6		成矿区(带)	Ⅲ-26 东昆仑(造山带)铁、铅、锌、铜、钴、金、钨、锡、钒、钛、盐类矿带(Pt,O,C,P,Q)							
7		成矿系列	东昆仑与印支(—燕山)旋回期岩浆作用有关的铁、铅、锌、铜、钴、金、钨、锡矿床成矿系列							
8		矿床类型	海相火山-沉积型锡铅锌矿床							
9		赋矿地层(建造)	中二叠世碎屑岩建造、碳酸盐岩建造							
10		矿区岩浆岩	斜长角闪片岩、闪长岩、闪长玢岩、花岗岩							
11		主要控矿构造	断裂							
12		成矿时代	印支期							
13		矿体形态产状	各矿体均沿一定地层层位呈似层状及透镜状产出。M2 矿带 M2-Ⅲ-3 矿体,呈似层状,走向北西-南东向,倾向北东,倾角50°~73°。M4 矿带 M4-Ⅱ-1 矿体,呈似层状,走向北北东-南南西向,倾向北东东,倾角61°~74°							
14		矿石工业类型	锡矿石、铜矿石、锡铜矿石							
15		矿石矿物	矿石矿物为锡石、白钨矿、黄铜矿、磁黄铁矿、方铅矿、黄铁矿、闪锌矿、辰砂等							
16		围岩蚀变	绿泥石化、绿帘石化、透闪石化、阳起石化、碳酸盐化、硅化、电气石化							
17		矿床规模	锡:中型,21 220.22t(平均品位:0.46%)							
18		剥蚀程度	中—浅剥蚀							
19	所属区域地球化学异常特征	成矿元素组合	主要成矿元素:Sn、Pb、Zn;成矿伴生元素:Cu、Sn、Ag、Bi、As							
20		地球化学景观	江河源浅切割原面低山丘陵半干旱草原亚区							
21		元素	面积(km²)	最大值	平均值	异常下限	标准差	富集系数	变异系数	成矿有利度	分带特征
22		Cu	144	55.96	38.49	28.58	27.2	1.95	0.71	36.63	内、中、外带
23		Sn	160	18.16	7.84	4.14	12.57	2.82	1.6	23.80	内、中、外带
24		Ag	80	0.81	0.27	0.11	0.18	4.5	0.67	0.44	内、中、外带
25		Bi	96	1.4	0.84	0.55	1.46	2.63	1.74	2.23	内、中、外带
26		As	80	52.54	36.8	27.4	35.8	3.13	0.97	48.08	中、外带
其他		成矿率(V)	Sn:0.056%							

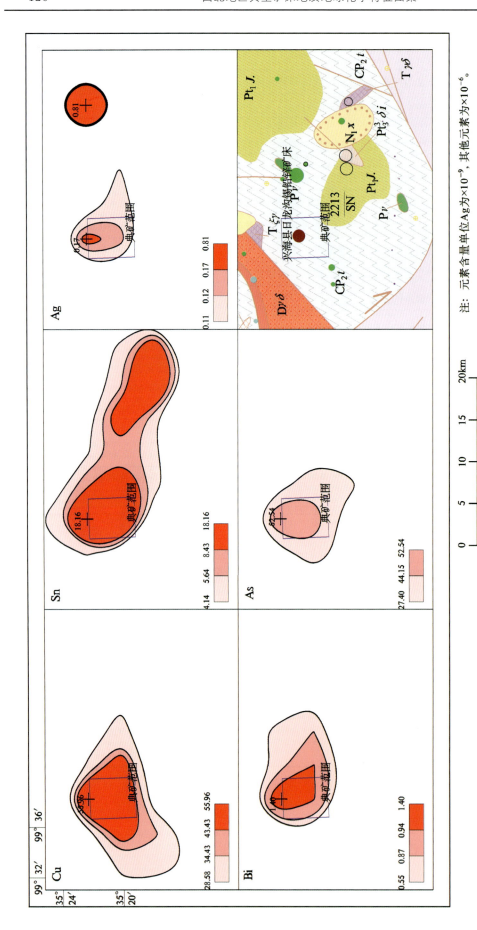

图 6.2 青海省日龙沟锡铅锌矿区域地球化学异常剖析图

附表 青海省日龙沟锡铅锌矿1:5万地球化学特征

序号	元素	面积	最大值	平均值	标准差	异常下限	富集系数	变异系数	分带特征
1	Cu	9.99	3 145.7	281.89	494.63	50	14.29	1.75	内、中、外带
2	Sn	40.26	104.83	16.56	24.31	7	5.96	1.47	内、中、外带
3	Ag	35.38	3 047.4	364.24	494.35	130	6.07	1.36	内、中、外带
4	Cd	30.79	3.27	0.66	0.99	0.3	3.88	1.5	内、中、外带
5	Cr	163.49	328.46	110.89	64.24	80	2.34	0.58	内、中、外带
6	Ni	29.78	175.93	69.33	35.64	50	3.47	0.51	中、外带
成矿元素组合				Cu、Sn、Ag、Cd、Cr、Ni					

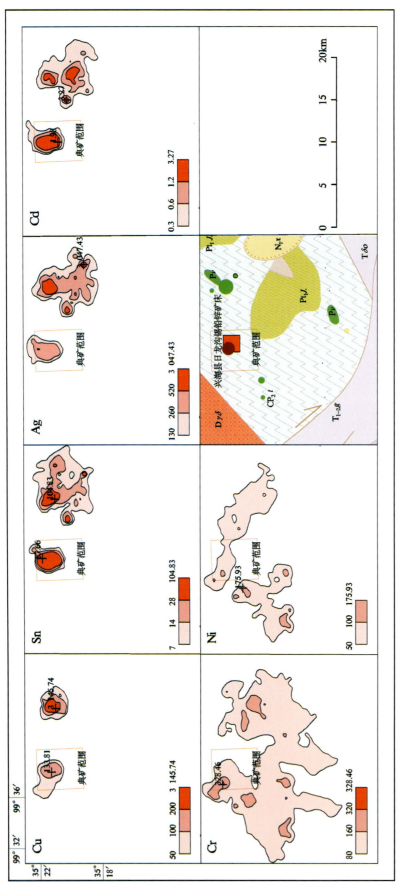

图 6.3 青海省日龙沟锡铅锌矿 1:5 万地球化学异常剖析图

1. 新近系贵德群咸水河组:泥岩夹砾岩、砂砾岩、石膏;2. 三叠系古浪堤组:杂砂岩夹砾岩、灰岩;3. 石炭系—二叠系土尔根大坂组:碎屑岩夹中基性火山岩、灰岩;4. 古元古界金水口岩群:片麻岩、斜长角闪岩、混合岩、大理岩;5. 三叠纪石英闪长岩;6. 泥盆纪花岗闪长岩;7. 二叠纪基性岩

注:元素含量单位 Ag 为 $\times 10^{-9}$,其他元素为 $\times 10^{-6}$。

7. 钨 矿

表7.1 新疆维吾尔自治区托克逊县忠宝钨矿主要地质、地球化学特征

序号	分类	分项名称	分项描述								
1	基本信息	矿床名称	新疆维吾尔自治区托克逊县忠宝钨矿								
2		行政隶属	新疆维吾尔自治区托克逊县干沟								
3		经度	88°51′08″								
4		纬度	42°10′30″								
5	地质特征	大地构造位置	位于塔里木板块北缘复合沟弧带额尔宾山残余盆地内								
6		成矿区(带)	Ⅲ-12塔里木板块北缘(复合沟弧带)铁、钛、锰、铜、镍、钼、铅、锌、锡、金、锑、稀有金属、稀土、白云母、菱镁矿、铝土矿、石墨、硅灰石、红柱石、白云母、石油、天然气、煤、硫铁矿、盐类、玉石、蛇纹岩、泥炭成矿带(Pt,Ce,Ve,Vm-1,Mz,Kz)								
7		成矿系列	与矽卡岩有关的钨锡多金属成矿系列								
8		矿床类型	接触交代矽卡岩型钨矿床								
9		赋矿地层(建造)	下泥盆统阿尔彼什麦布拉克组下亚组(D_1a)								
10		矿区岩浆岩	二长花岗岩、钾长花岗岩、正长岩								
11		主要控矿构造	北东向裂隙构造								
12		成矿时代	晚石炭世								
13		矿体形态产状	呈透镜状、似层状、脉状及不规则状(倾角50°~70°)								
14		矿石工业类型	氧化矿石、次生矿石								
15		矿石矿物	白钨矿、钨华、黑钨矿、锡石、黄铁矿、赤铁矿等								
16		围岩蚀变	矽卡岩化、硅化、云英岩化、黄铁矿化、碳酸盐化、萤石化等								
17		矿床规模	$0.5913×10^4$ t(WO_3:0.12%~0.70%)								
18		剥蚀程度	浅剥蚀								
19		成矿元素组合	成矿元素:W;伴生元素:Sn、Mo、Bi,局部套合Au、Ag、Cu、Zn等元素								
20		地球化学景观	干旱剥蚀丘陵区								
21	所属区域地球化学异常特征	元素	面积(km^2)	最大值	平均值	异常下限	标准差	富集系数	变异系数	成矿有利度	分带特征
22		W	63.96	42.4	11.4175	2	12.402	11.533	1.086	70.80	内、中、外带
23		Sn	74.89	4.68	3.14471	2.4	0.84	1.664	0.267	1.10	中、外带
24		Mo	56.57	2.56	1.78067	1.3	0.459	1.634	0.258	0.63	内、中、外带
25		Bi	72.41	3.03	1.15562	0.45	0.695	5.024	0.601	1.78	内、中、外带
26		Cu	55.07	62.2	45.8571	35	8.592	2.041	0.187	11.26	内、中、外带
27		Zn	9.66	83.3	79.7	70	4.258	1.594	0.053	4.85	外带
28		Cd	97.08	0.279	0.179	150	28.618	1.776	0.159	0.03	内、中、外带
29		Mn	103.22	1850	1093.36	800	269.58	1.842	0.247	368.43	内、中、外带
	其他	成矿率(V)	W:0.013%								

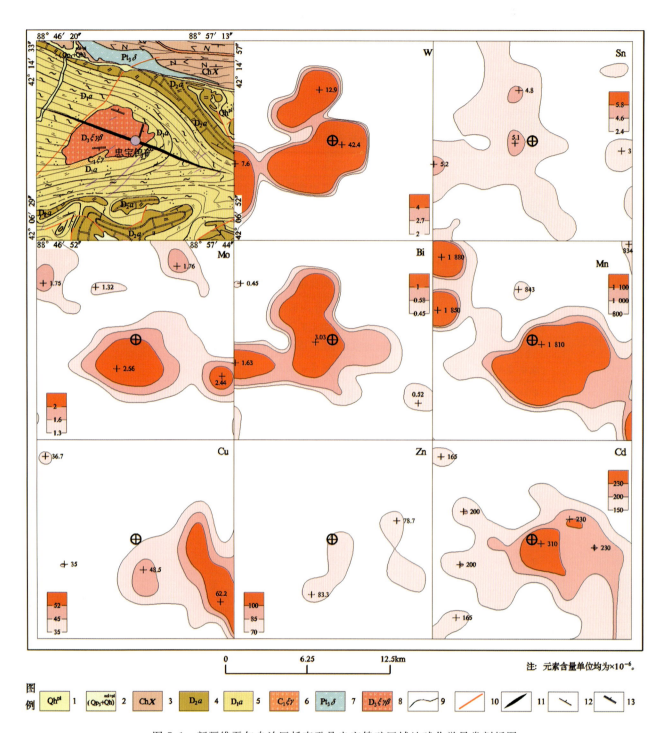

图 7.1 新疆维吾尔自治区托克逊县忠宝钨矿区域地球化学异常剖析图

1.全新世洪积；2.晚更新世—全新世风积＋洪积；3.星星峡岩群；4.阿拉塔格组；5.阿尔彼什麦布拉克组；6.正长花岗岩；7.闪长岩；8.黑云母正长花岗岩；9.地质界线；10.大断裂；11.背斜构造；12.地层产状；13.片理产状

表7.2 新疆维吾尔自治区若羌县白干湖钨锡矿主要地质、地球化学特征

序号	分类	分项名称	分项描述							
1	基本信息	矿床名称	新疆维吾尔自治区若羌县白干湖钨锡矿							
2		行政隶属	新疆维吾尔自治区若羌县白干湖							
3		经度	88°48′00″—88°57′00″							
4		纬度	37°53′00″—37°59′00″							
5	地质特征	大地构造位置	位于塔里木-华北板块南部柴达木微陆块的早古生代陆缘活动带,即祁漫塔格早古生代岩浆型被动陆缘							
6		成矿区(带)	Ⅲ-26东昆仑(造山带)铁、铅、锌、铜、钴、金、钨、锡、钒、钛、盐类矿带(Pt,O,C,P,Q)							
7		成矿系列	与中酸性岩浆活动有关的钨锡多金属成矿系列							
8		矿床类型	岩浆热液型钨锡矿床							
9		赋矿地层(建造)	古元古界金水口岩群一套陆源碎屑岩-碳酸盐岩沉积建造的中浅变质岩系							
10		矿区岩浆岩	石英闪长岩、英云闪长岩、中粗—中细粒二长花岗岩、似斑状二长花岗岩、中粗粒钾长花岗岩							
11		主要控矿构造	断裂							
12		成矿时代	加里东晚期							
13		矿体形态产状	似层状、透镜状							
14		矿石工业类型	钨锡矿石							
15		矿石矿物	黑钨矿、白钨矿、锡石、钨华、黄铜矿、蓝辉铜矿、孔雀石							
16		围岩蚀变	绢云石英片岩、二云石英片岩、透闪石大理岩及英云闪长岩、二长花岗岩、云英岩等							
17		矿床规模	WO_3:10.64×10⁴t;Sn:4.04×10⁴t(WO_3品位为0.08~40.16%,平均品位为0.29%;Sn品位为0.00~0.55%,平均品位为0.05%)							
18		剥蚀程度	浅剥蚀							
19	所属区域地球化学异常特征	成矿元素组合	成矿元素:W、Sn;伴生元素:Cu、Pb、Zn、Ag、As、Sb、B							
20		地球化学景观	干旱中小起伏高山区							
21		元素	面积(km²)	最大值	平均值	异常下限	标准差	富集系数	变异系数	成矿有利度	分带特征
22		W	63.96	42.4	11.417 5	2.5	12.402	11.533	1.086	56.64	内、中、外带
23		Sn	74.89	4.68	3.144 71	2.2	0.84	1.664	0.267	1.20	内、中、外带
24		Mo	56.57	2.56	1.780 67	0.6	0.459	1.634	0.258	1.36	内、中、外带
25		Bi	72.41	3.03	1.155 62	0.4	0.695	5.024	0.601	2.01	内、中、外带
其他		成矿率(V)	W:0.29%							

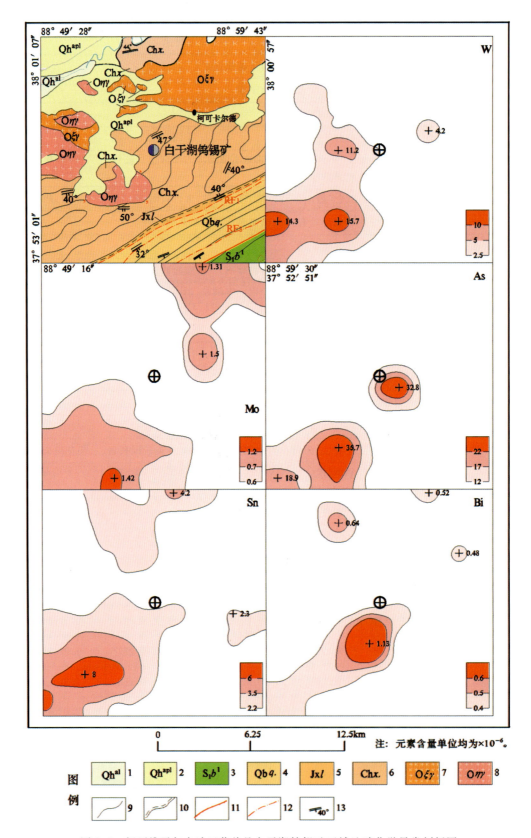

图 7.2 新疆维吾尔自治区若羌县白干湖钨锡矿区域地球化学异常剖析图

1.全新世河床河漫滩冲积;2.全新世冲洪积;3.志留系白干湖组;4.青白口系丘古东针尖对麦沟组;5.蓟县系狼牙山组;6.长城系小庙岩组;7.奥陶纪正长花岗岩;8.奥陶纪二长花岗岩;9.地质界线;10.平行不整合界线;11.性质不明断层;12.韧性断层;13.片理产状

表7.3 甘肃省小柳沟钨钼多金属矿主要地质、地球化学特征

序号	分类	分项名称	分项描述							
1	基本信息	矿床名称	甘肃省小柳沟钨钼多金属矿							
2		行政隶属	甘肃省肃南裕固族自治县							
3		经度	98°02′26″							
4		纬度	39°11′43″							
5	地质特征	大地构造位置	秦祁昆造山系,北祁连弧盆系,走廊南山岛弧							
6		成矿区(带)	Ⅲ-21 北祁连铜、铅、锌、铁、铬、金、银、硫铁矿、石棉成矿带(Pt_2,Pt_3—Pz_1)							
7		成矿系列	北祁连西段加里东中晚期与钙碱性岩浆侵入有关的钨、钼、铜、镍、金、银矿床成矿系列							
8		矿床类型	斑岩型钨钼矿床							
9		赋矿地层(建造)	长城系朱龙关群熬油沟组(Cha),属浅变质低绿片岩相,原岩属浅海相泥岩、粉砂质黏土岩、钙质粉砂岩、灰岩、白云岩和火山岩,是主要赋矿层位							
10		矿区岩浆岩	矿区内岩浆岩主要由隐伏斜长花岗岩、二长花岗岩、花岗闪长岩及似斑状花岗岩组成							
11		主要控矿构造	与成矿关系最为密切的是北北东向、近东西向断裂							
12		成矿时代	古元古代							
13		矿体形态产状	脉形矿多具分枝复合特征,矿化强度与石英脉发育程度有关;斑岩型矿则以浸染状、稀疏浸染状产出,多与岩体中的硅化、绢云母化、钾化、高岭土化有关							
14		矿石工业类型	主要有①矽卡岩型白钨矿矿石;②蚀变千枚岩、角闪云母片岩型白钨矿矿石;③石英脉型钨矿石;④石英脉型辉钼矿石;⑤石英脉型白钨-辉钼矿石和石英脉型白钨矿石;⑥斑岩型钼矿石							
15		矿石矿物	矿石矿物以白钨矿为主,少量黄铜矿、辉钼矿、辉铋矿							
16		围岩蚀变	围岩蚀变以接触热液蚀变为主。有矽卡岩化、云英岩化、硅化、绢云母化、碳酸盐化、高岭土化等。与钨矿关系密切的为矽卡岩化,而与石英脉型钼矿有关的主要为云英岩化、黄铁矿化等							
17		矿床规模	钨(WO_3)$9.12×10^4$t,钼 $7.9×10^4$ t							
18		剥蚀程度	中—浅剥蚀							
19	所属区域地球化学异常特征	成矿元素组合	成矿元素:W、Mo;伴生元素:As、Bi、Cd、Ag、Pb、Zn、Sb 等							
20		地球化学景观	祁连半干旱高寒山区							
21		元素	面积(km²)	最大值	平均值	异常下限	标准差	富集系数	变异系数	成矿有利度	分带特征
22		W	151.86	113.8	10.28	1.95	26.43	6.46	2.57	139.33	内、中、外带
23		Mo	47.72	13.1	3.74	1.64	3.90	4.51	1.04	8.89	内、中、外带
24		As	136.54	138	44.42	20.5	38.32	4.32	0.86	83.03	内、中、外带
25		Bi	82.57	8	1.01	0.43	1.71	3.14	1.70	4.02	内、中、外带
26		Cd	48.86	0.548	0.32	0.172	0.13	2.77	0.41	0.24	内、中、外带
27		Ag	92.20	438	128.47	67	115.23	2.18	0.90	220.95	内、中、外带
28		Pb	96.55	183	38.81	21.3	41.32	1.96	1.06	75.29	内、中、外带
29		Sb	179.38	11.5	3.73	1.72	2.62	3.96	0.70	5.68	内、中、外带
30		Zn	226.94	397.6	117.52	84.9	73.64	2.01	0.63	101.93	内、中、外带
	其他	成矿率(V)	W:0.043%							

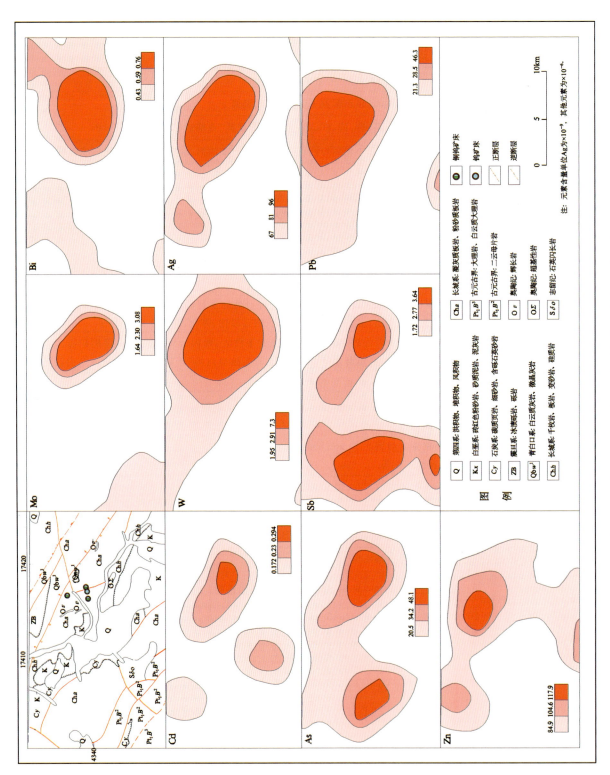

图 7.3 甘肃省小柳沟钨钼多金属矿区域地球化学异常剖析图

8. 钼 矿

表 8.1 陕西省华县金堆城钼矿床主要地质、地球化学特征

序号	分类	分项名称	分项描述							
1	基本信息	矿床名称	金堆城钼矿矿床							
2		行政隶属	陕西省华县金堆城							
3		经度	109°56′12″							
4		纬度	34°20′18″							
5	地质特征	大地构造位置	II$_4^3$ 太华古陆块-华北陆块南缘前陆盆地							
6		成矿区（带）	III-63 华北陆块南缘铁、铜、金、铅、锌、铝土矿、硫铁矿、萤石、煤成矿带							
7		成矿系列	与中酸性浅成—超浅成小岩体（斑岩）有关的钼、铁、铜矿床成矿系列							
8		矿床类型	斑岩型							
9		赋矿地层（建造）	矿区出露地层主要为上熊耳群安山岩、安山玢岩，其次在南部有下高山河组，地层呈北东向和近东西向展布							
10		矿区岩浆岩	矿区发育多处花岗斑岩株、岩脉，以金堆城花岗斑岩岩株为最大							
11		主要控矿构造	北东向断裂控制着矿脉的分布，北西向断裂控制小斑岩体的走向及矿化							
12		成矿时代	燕山期							
13		矿体形态产状	呈似层状、脉状（主要）和透镜状（次要）							
14		矿石工业类型	辉钼矿矿石							
15		矿石矿物	金属矿物主要辉钼矿、黄铁矿、黄铜矿、方铅矿、闪锌矿、磁铁矿，非金属矿物有长石、石英、绢云母、白云母、黑云母、萤石、绿帘石、方解石、绿泥石、高岭土							
16		围岩蚀变	云英岩化、绢云母化、高岭土化。云英岩化与钼矿化关系密切							
17		矿床规模	大型，储量 88.727 7×10^4 t							
18		剥蚀程度	浅—中剥蚀							
19	所属区域地球化学异常特征	成矿元素组合	主成矿元素：Mo；伴生元素：Ag、Cu、Zn							
20		地球化学景观	湿润的中低山森林区							
21		元素	面积（km^2）	最大值	平均值	异常下限	标准差	富集系数	变异系数	成矿有利度	分带特征
22		Ag	106.85	1.41	0.31	0.16	0.38	3.01	1.22	0.74	内、中、外带
23		Cu	42.95	75.08	36.22	32.6	15.36	1.26	0.42	17.07	内、中、外带
24		Mo	141.64	1 223.20	51.85	1.24	200.16	162.03	3.86	8 369.59	内、中、外带
25		Zn	42.44	214.00	138.45	117.71	37.48	1.33	0.27	44.08	内、中、外带
其他		成矿率（V）	Mo：0.007 5%							

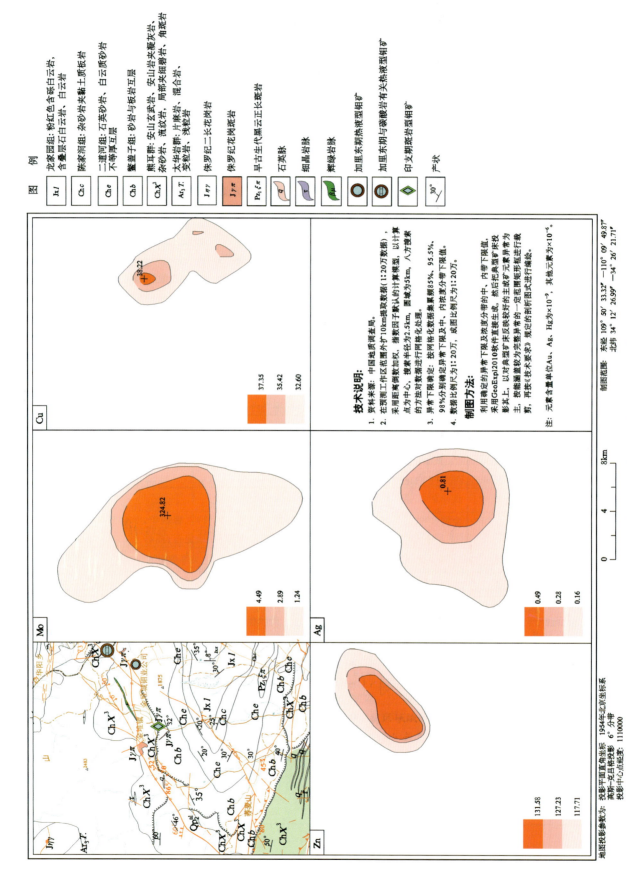

图 8.1 陕西省华县金堆城钼矿区域地球化学异常剖析图

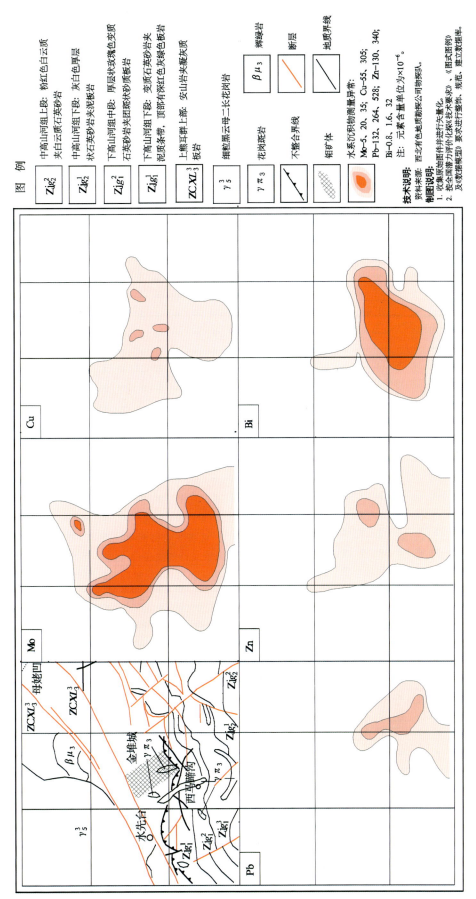

图 8.2 陕西省华县金堆城钼矿 1:5 万化探异常剖析图（示意图）

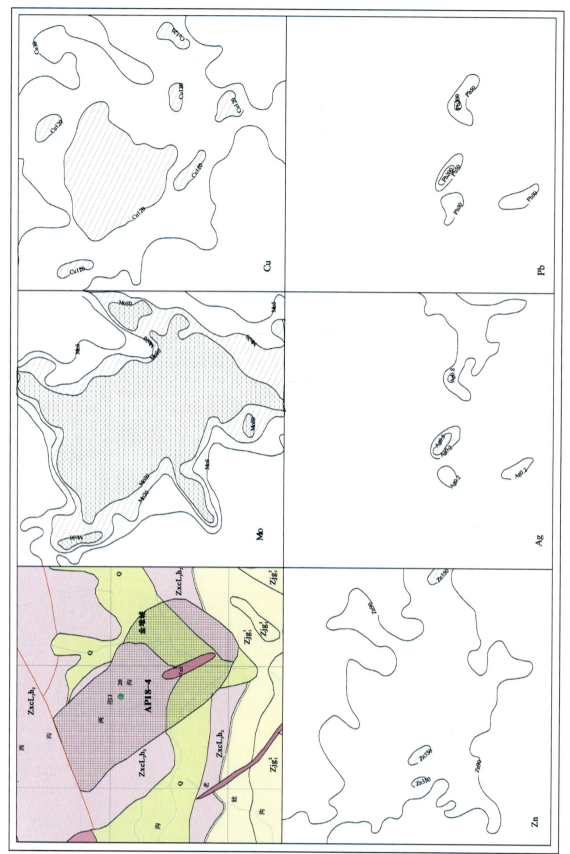

图 8.3 陕西省华县金堆城钼矿床 1:1 万异常剖析图(示意图)

注:元素含量单位 Ag 为 $\times 10^{-9}$,其他元素为 $\times 10^{-6}$。

表 8.2 陕西省华县黄龙铺大石沟钼矿床主要地质、地球化学特征

序号	分类	分项名称	分项描述							
1	基本信息	矿床名称	黄龙铺大石沟钼矿床							
2		行政隶属	陕西省华县黄龙铺							
3		经度	110°01′30″							
4		纬度	34°22′38″							
5	地质特征	大地构造位置	Ⅱ$_4^3$ 太华古陆块-华北陆块南缘前陆盆地							
6		成矿区(带)	Ⅲ-63 华北陆块南缘铁、铜、金、铅、锌、铝土矿、硫铁矿、萤石、煤成矿带							
7		成矿系列	秦岭-大别造山带与燕山期构造、岩浆、沉积作用有关的金、汞、砷、锑、银、铅、锌矿床成矿系列							
8		矿床类型	热液脉型							
9		赋矿地层(建造)	黄龙铺组上岩组二至四岩性段和高山河组下亚组一至三岩性段							
10		矿区岩浆岩	海西—印支期辉绿岩、正长斑岩和含钼(铅)碳酸岩脉及燕山早期第二阶段形成的钾长花岗斑岩脉和花岗斑岩脉							
11		主要控矿构造	有北西向及北东向两组断层交会							
12		成矿时代	印支—燕山期							
13		矿体形态产状	脉体按产状可分为3组:①倾向南东,倾角26°~88°;②倾向北西,倾角35°~88°;③倾向北东东,倾角35°~63°							
14		矿石工业类型	辉钼矿矿石							
15		矿石矿物	金属矿物主要为辉钼矿、黄铁矿、方铅矿、闪锌矿、镜铁矿、含铀稀土矿等;非金属矿物有石英、长石、重晶石、萤石、含锰方解石等							
16		围岩蚀变	分钾化和黑云母-青磐石化两种							
17		矿床规模	大型,储量 10.452 7×10^4 t							
18		剥蚀程度	浅—中剥蚀							
19	所属区域地球化学异常特征	成矿元素组合	主成矿元素:Mo、Cu;伴生元素:Pb、Ba、Ag、Zn							
20		地球化学景观	湿润的中低山森林区							
21		元素	面积(km^2)	最大值	平均值	异常下限	标准差	富集系数	变异系数	成矿有利度	分带特征
22		Mo	159.6	311.90	38.26	1.78	65.23	119.562 5	1.70	1 402.08	内、中、外带
23		Pb	116.48	1 203.00	213.05	60.52	254.72	5.49	1.20	896.70	内、中、外带
24		Ba	93.92	6 220.00	1 171.22	626.81	1 483.47	2.34	1.27	2 771.92	内、中、外带
25		Ag	86.27	0.86	0.32	0.155	0.27	3.11	0.85	0.56	内、中、外带
26		Zn	42.43	214.00	138.45	117.71	37.48	1.33	0.27	44.08	内、中、外带
其他		成矿率(V)	Mo:0.004 7%							

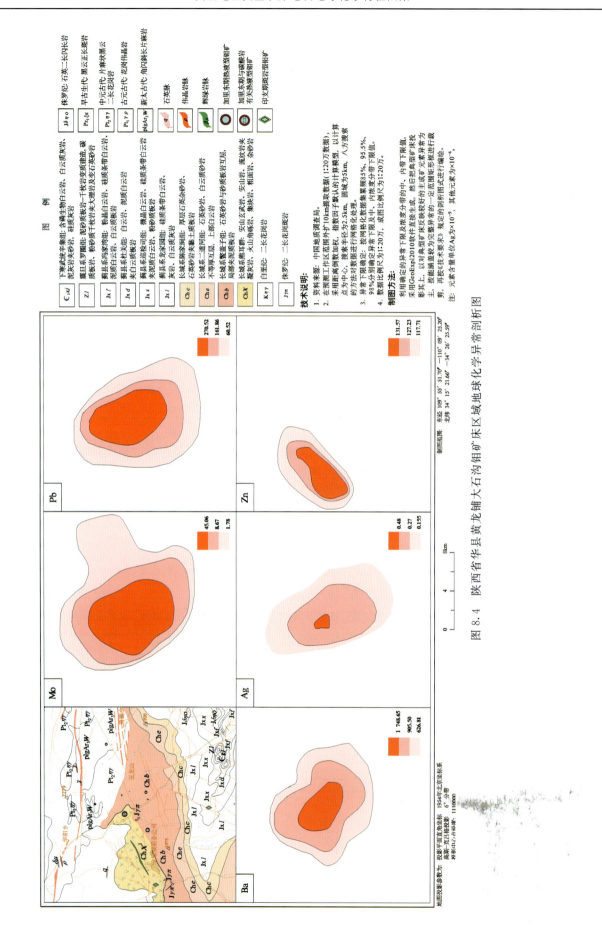

图 8.4 陕西省华县黄龙铺大石沟钼矿床区域地球化学异常剖析图

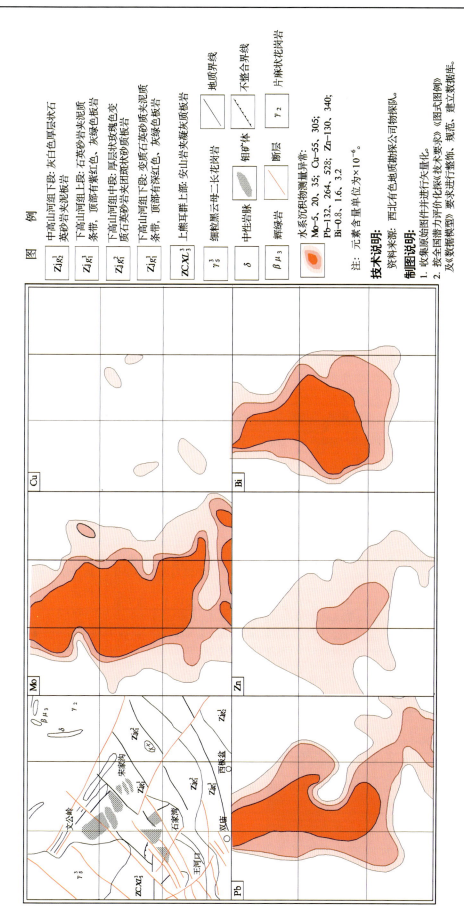

图 8.5 陕西省华县黄龙铺大石沟钼矿床 1:5 万化探异常剖析图（示意图）

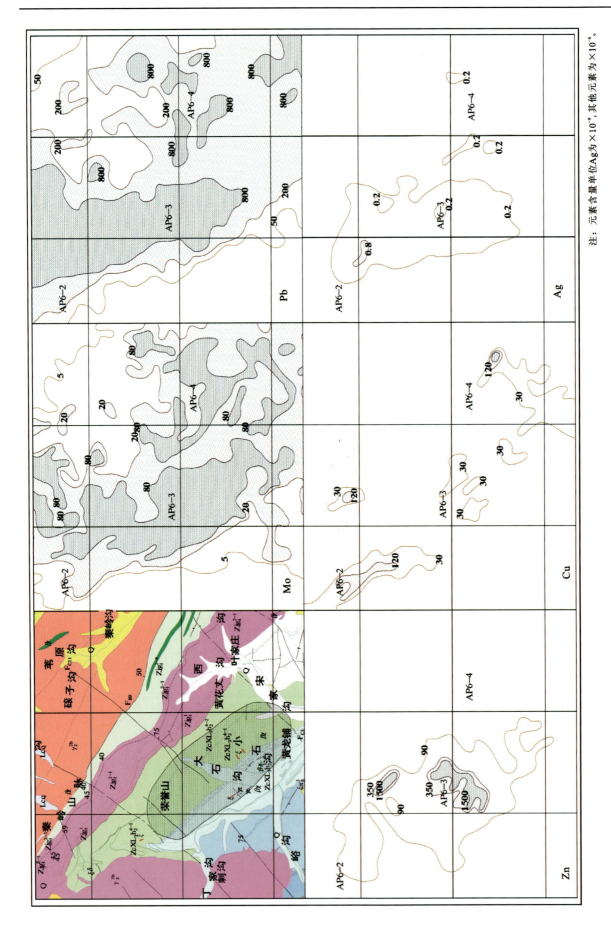

图 8.6 陕西省华县黄龙铺大石沟钼矿床 1∶1 万异常剖析图（示意图）

注：元素含量单位 Ag 为 ×10⁻⁹，其他元素为 ×10⁻⁶。

表 8.3 甘肃省温泉钼矿主要地质、地球化学特征

序号	分类	分项名称	分项描述							
1	基本信息	矿床名称	甘肃省温泉钼矿							
2		行政隶属	甘肃省武山县温泉乡							
3		经度	105°10′							
4		纬度	34°36′							
5	地质特征	大地构造位置	秦祁昆造山系,秦岭弧盆系,北、中秦岭接合部位							
6		成矿区(带)	Ⅲ-28 西秦岭铅、锌、铜(铁)、金、汞、锑成矿带							
7		成矿系列	西秦岭北带中段,泥盆纪与岩浆岩有关的钼、钨、锡矿床成矿亚系列							
8		矿床类型	斑岩型							
9		赋矿地层(建造)	主要为早古生代地层及其与岩体的接触部位							
10		矿区岩浆岩	矿区岩浆岩有中粒斑状二长花岗岩、细粒斑状黑云二长花岗岩、中粒黑云二长花岗岩、细粒黑云二长花岗岩。中粒斑状二长花岗岩和细粒斑状二长花岗岩为主要含矿岩石							
11		主要控矿构造	矿区内构造主要有断裂构造,以近南北向、北东向、北西向的断裂构造为主,多属压扭性。断层泥中有微细粒鳞片状、粉末状辉钼矿,品位较富,角砾裂隙中有脉状、薄膜状辉钼矿							
12		成矿时代	不明							
13		矿体形态产状	呈似层状、脉状赋存于斑状二长花岗岩岩体内的破碎蚀变带、节理裂隙中,具典型的裂隙充填特征,与围岩界线关系不太清楚,矿体与围岩的界线是根据化学样品成果圈定的							
14		矿石工业类型	原生硫化矿石							
15		矿石矿物	主要为辉钼矿							
16		围岩蚀变	围岩蚀变较弱,主要为硅化,其次有红色泥化、沸石化、绢云母化、高岭土化、浸染状黄铁绢云碳酸盐化、钾化、碳酸盐化、绿泥石化和孔雀石化等							
17		矿床规模	16.12×10⁴ t							
18		剥蚀程度	中—浅剥蚀							
19	所属区域地球化学异常特征	成矿元素组合	成矿元素:Mo;伴生元素:W、Sn、Bi 等							
20		地球化学景观	陇南半湿润—湿润中低山区							
21		元素	面积(km²)	最大值	平均值	异常下限	标准差	富集系数	变异系数	成矿有利度	分带特征
22		Mo	248.46	14	2.01	1.01	2.52	2.24	1.25	5.02	内、中、外带
23		W	239.78	41.1	5.64	2.64	5.73	2.91	1.02	12.24	内、中、外带
24		Bi	250.75	4.1	0.816	0.48	0.569	2.40	0.70	0.97	内、中、外带
25		Cd	110.59	0.7	0.253	0.166	0.138	1.37	0.55	0.21	内、中、外带
26		Sn	188.73	6	4.68	3.79	0.57	1.61	0.12	0.70	内、中、外带
27		Be	262.38	7	3.94	2.99	1.07	1.93	0.27	1.41	内、中、外带
28		Th	174.12	15.7	14.9	12.5	2.52	1.29	0.17	3.00	内、中、外带
29		Li	135.95	59.4	46.79	41.9	46.75	1.33	1.00	52.21	内、中、外带
其他		成矿率(V)	Mo:1.29%							

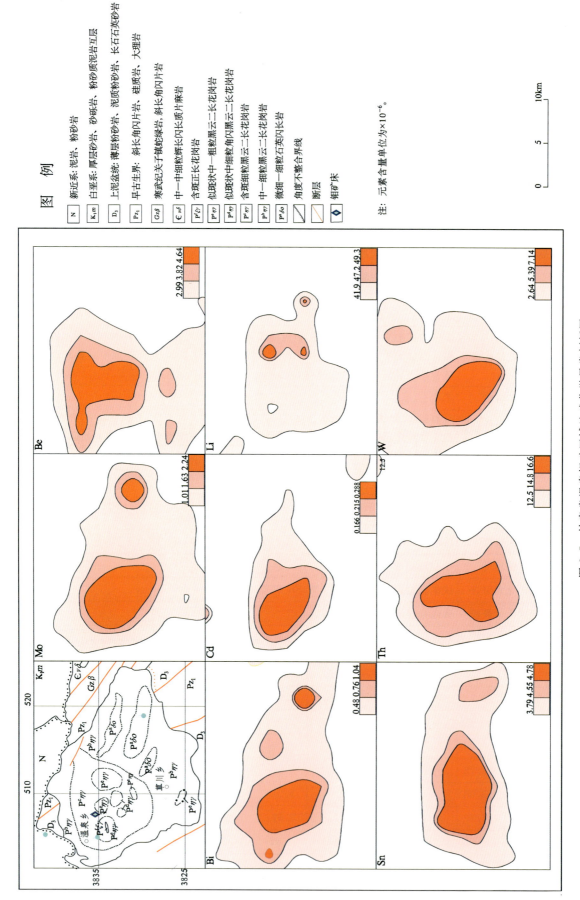

图 8.7 甘肃省温泉钼矿区域地球化学异常剖析图

8. 钼 矿

表 8.4 新疆维吾尔自治区哈密市白山钼矿主要地质、地球化学特征

序号	分类	分项名称	分项描述							
1	基本信息	矿床名称	新疆维吾尔自治区哈密市白山钼矿							
2		行政隶属	新疆维吾尔自治区哈密市白山							
3		经度	95°58′30″							
4		纬度	42°31′30″							
5	地质特征	大地构造位置	处于哈萨克斯坦-准噶尔板块南缘的觉罗塔格裂陷槽(岛弧带),康古尔韧性剪切带东段南侧							
6		成矿区(带)	Ⅲ-8 觉罗塔格-黑鹰山铜、镍、铁、金、银、钼、钨、石膏、硅灰石、膨润土、煤成矿带							
7		成矿系列	与中酸性岩浆活动有关的钼多金属成矿系列							
8		矿床类型	斑岩-石英网脉型							
9		赋矿地层(建造)	下石炭统干墩组(C_1g)为主要含矿地层,岩性为含石榴子石二云石英片岩、黑云母石英微晶片岩、黑云母长英质角岩及长石石英变粒岩等							
10		矿区岩浆岩	黑云母斜长花岗岩、黑云母斜长花岗岩、黑云斜长花岗斑岩脉							
11		主要控矿构造	断裂							
12		成矿时代	晚石炭世							
13		矿体形态产状	透镜状、脉状及不规则状							
14		矿石工业类型	钼矿石							
15		矿石矿物	主要有黄铁矿、磁黄铁矿、辉钼矿、黄铜矿、闪锌矿、磁铁矿、方铅矿等							
16		围岩蚀变	主要有硅化、绢云母化、钾长石化、黑云母化,其次为绿帘石、碳酸盐化							
17		矿床规模	钼:$12.5×10^4$ t(Mo 品位 0.030%～0.106%,平均品位 0.06%)							
18		剥蚀程度	浅剥蚀							
19	所属区域地球化学异常特征	成矿元素组合	成矿元素:Mo、W、Sn;伴生元素:Cu、Ag、Zn、Cd、As、Bi							
20		地球化学景观	干旱剥蚀丘陵区							
21		元素(氧化物)	面积(km^2)	最大值	平均值	异常下限	标准差	富集系数	变异系数	成矿有利度	分带特征
22		Mo	98.97	5.3	2.521 58	1	1.489	2.313	0.591	3.75	内、中、外带
23		W	45.44	5	2.504	1.5	1.002	2.529	0.4	1.67	内、中、外带
24		Sn	39.91	2.88	2.136	1.4	0.403	1.13	0.189	0.61	内、中、外带
25		Bi	69.23	4.5	1.446 25	0.32	1.451	6.288	1.003	6.56	内、中、外带
26		Cu	28.93	40.3	31.183 3	24	6.035	1.388	0.194	7.84	中、外带
27		Pb	22.17	19	18.3	17	0.671	1.304	0.037	0.72	中、外带
28		Zn	25.5	97.2	70.3	55	17.999	1.406	0.256	23.01	内、中、外带
29		Ag	56.2	128.8	91.723 1	58	16.167	1.528	0.176	25.57	内、中、外带
30		Fe_2O_3	29.82	5.53	4.471 43	3.89	0.511	1.26	0.114	0.59	中、外带
31		Mn	30.54	899	773.857	650	94.508	1.304	0.122	112.52	内、中、外带
32		Ti	23.91	4 620	3 761.67	3 160	471.907	1.374	0.125	561.76	中、外带
其他		成矿率(V)	Mo:3.37%							

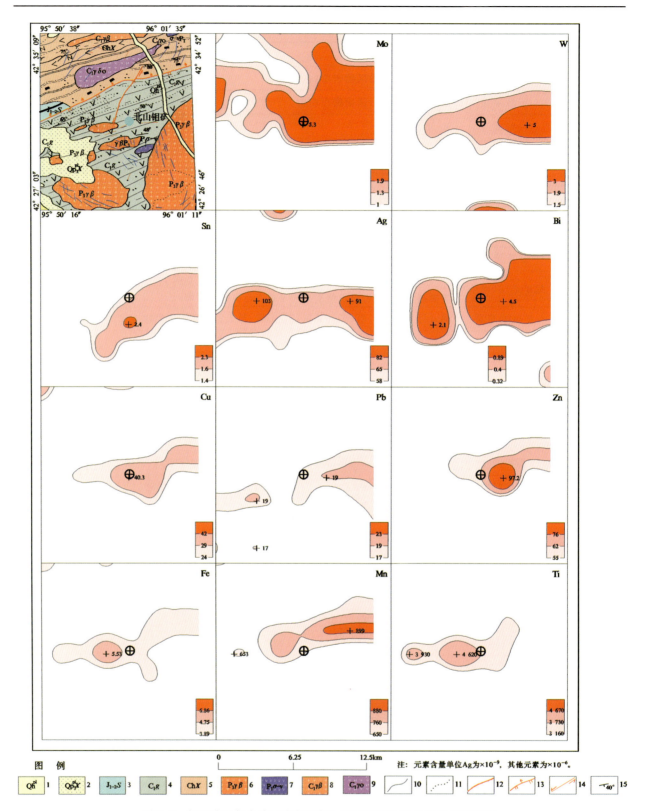

图 8.8 新疆维吾尔自治区哈密市白山钼矿区域地球化学异常剖析图

1.全新世洪积;2.晚更新世洪积;3.水西沟群;4.干墩组;5.星星峡群;6.晚二叠世黑云母花岗岩;7.早二叠世橄榄岩-辉长岩;8.早石炭世黑云母花岗岩;9.早石炭世斜长花岗岩;10.地质界线;11.岩相界线;12.性质不明断层;13.逆断层;14.平移断层;15.产状

9. 钒、铬、铁矿等

表9.1 新疆维吾尔自治区阿图什市普昌钒钛磁铁矿主要地质、地球化学特征

序号	分类	分项名称	分项描述							
1	基本信息	矿床名称	新疆维吾尔自治区阿图什市普昌钒钛磁铁矿							
2		行政隶属	新疆维吾尔自治区阿图什市普昌							
3		经度	77°37′03″							
4		纬度	40°25′47″							
5	地质特征	大地构造位置	位于塔里木-华北板块-塔里木中央陆块							
6		成矿区(带)	Ⅲ-13塔里木陆块北缘隆起(地块)铜、镍、金、稀有金属、稀土、铀、锡、锶、汞、蛭石、磷、石墨、煤、盐类、重晶石、宝石、煤成矿带(Pt,Ce,Vm-1,Mz,Kz)							
7		成矿系列	与基性岩浆活动有关的铁多金属成矿系列							
8		矿床类型	属于与海西晚期基性岩体有成因联系的岩浆晚期矿床							
9		赋矿地层(建造)	矿床主要产于地层与岩体的接触部位							
10		矿区岩浆岩	主要有辉长岩、辉石岩、橄榄辉长岩、斜长岩等							
11		主要控矿构造	普昌东西向断裂							
12		成矿时代	晚古生代晚期							
13		矿体形态产状	似层状及不规则状							
14		矿石工业类型	钒钛磁铁矿矿石							
15		矿石矿物	钛磁铁矿、钛铁矿							
16		围岩蚀变	绿泥石化、钠长石化、绢云母化等							
17		矿床规模	$4\,786\times10^4$ t(平均品位 TFe 43.02%,mFe 39.91%)							
18		剥蚀程度	中—浅剥蚀							
19	所属区域地球化学异常特征	成矿元素组合	成矿元素:Fe、Mn、V、Ti;伴生元素:Cu、Zn、Cr、Ni、Co							
20		地球化学景观	干旱中山区							
21		元素(氧化物)	面积(km^2)	最大值	平均值	异常下限	标准差	富集系数	变异系数	成矿有利度	分带特征
22		Fe_2O_3	47.41	12.11	6.761 11	4.65	3.233	1.96	0.478	4.70	内、中、外带
23		Mn	33.84	1 085	796.5	686	212.841	1.479	0.267	247.13	内、中、外带
24		V	54.08	315	144.58	89.2	80.861	2.564	0.559	131.06	内、中、外带
25		Ti	71.4	9 824	4 326.33	3 685	2 743.93	1.651	0.634	3 221.48	内、中、外带
26		Cu	55.66	232	69.390 9	38.5	58.228	3.16	0.839	104.95	内、中、外带
27		Zn	20.05	91	73.042 9	76.6	14.181	1.288	0.194	13.52	中、外带
28		Co	58.58	48	20.96	14.8	15.036	2.556	0.717	21.29	内、中、外带
29		Ni	51.09	123.68	41.956 4	36.7	29.413	2.088	0.701	33.63	内、中、外带
	其他	成矿率(V)	Fe_2O_3:2 147.85%							

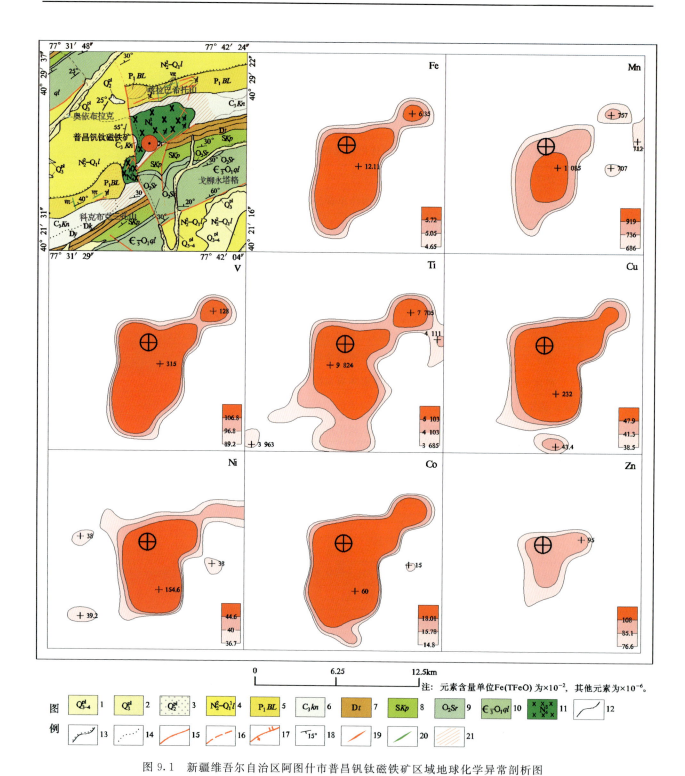

图 9.1 新疆维吾尔自治区阿图什市普昌钒钛磁铁矿区域地球化学异常剖析图

1.洪积层;2.洪积层;3.洪积层;4.砾岩组;5.别良金群;6.康克林群;7.塔塔埃尔塔格组;8.柯坪塔格群;9.灰质砾岩或碳质页岩;10.丘里塔格群;11.未分的基性侵入岩;12.地质界线;13.地层不整合界线;14.岩相界线;15.一般断裂;16.推测断裂;17.逆断层;18.正常岩层产状;19.酸性岩脉;20.中基性岩脉;21.糜棱岩带

表 9.2 甘肃省大道尔吉铬铁矿主要地质、地球化学特征

序号	分类	分项名称	分项描述								
1	基本信息	矿床名称	甘肃省大道尔吉铬铁矿								
2		行政隶属	甘肃省肃北蒙古族自治县								
3		经度	95°44′57″								
4		纬度	39°12′47″								
5	地质特征	大地构造位置	秦祁昆造山系,北祁连弧盆系,走廊南山岛弧								
6		成矿区(带)	Ⅲ-22 中祁连金、硫、重晶石、磷成矿带(Pt,Pz_1)								
7		成矿系列	南祁连西段加里东期与超镁铁质岩有关的铬、铂、镍、钛矿床成矿系列								
8		矿床类型	岩浆型								
9		赋矿地层(建造)	古元古界北大河岩群三岩组以大理岩为主,散布于矿区中北部,东部相对集中,与大道尔吉超基性岩体为侵入、断层关系,局部呈捕房体,是超基性岩体的重要围岩								
10		矿区岩浆岩	矿区侵入岩发育,主要为大道尔吉基性—超基性岩,呈透镜状岩墙								
11		主要控矿构造	矿区构造较简单,构造线方向北西向,以断裂构造为主,主要为逆断层。其次为北西向带状岩体构成的单斜构造及被断裂分割的岩块								
12		成矿时代	早古生代中期								
13		矿体形态产状	矿体形态较为复杂,总体主要呈透镜状、囊团状、毛条状及不规则枝杈状								
14		矿石工业类型	冶金用铬矿石-化工用铬矿石矿床//中富矿-贫矿-表外矿矿床								
15		矿石矿物	以铬尖晶石为主,其次有磁铁矿及黄铁矿、黄铜矿、镍黄铁矿、镍铁矿、砷镍矿、针镍矿、方铅矿等								
16		围岩蚀变	矿区蚀变强烈,蛇纹石化发育,已构成蛇纹岩矿。发育绿泥石化,次有滑石化、次闪石化、碳酸盐化、绢石化等								
17		矿床规模	$200.51×10^4$ t								
18		剥蚀程度	中—浅剥蚀								
19	所属区域地球化学异常特征	成矿元素组合	成矿元素:Cr;伴生元素(氧化物):Co、Ni、V、Ti、Fe、MgO								
20		地球化学景观	祁连干旱高寒山区								
21		元素(氧化物)	面积(km²)	最大值	平均值	异常下限	标准差	富集系数	变异系数	成矿有利度	分带特征
22		Cr	47.92	583.6	252.07	99.4	163.54	3.43	0.65	414.72	内、中、外带
23		Co	52.07	28.9	20.39	16.8	3.88	1.77	0.19	4.71	中、外带
24		Ni	84.14	181.2	59.34	35.6	47.57	1.81	0.80	79.29	内、中、外带
25		V	33.37	157.2	118.19	89.1	25.59	1.80	0.22	33.94	内、中、外带
26		Ti	167.69	8 092	4 877.95	4 018.3	1 030	1.56	0.21	1 250.35	内、中、外带
27		Au	64.5	7.6	3.59	2.7	1.51	1.91	0.42	2.01	内、中、外带
28		MgO	5.88	8.45	6.61	4.4	1.79	2.33	0.27	2.69	内、中、外带
	其他	成矿率(V)	Cr:1.01%								

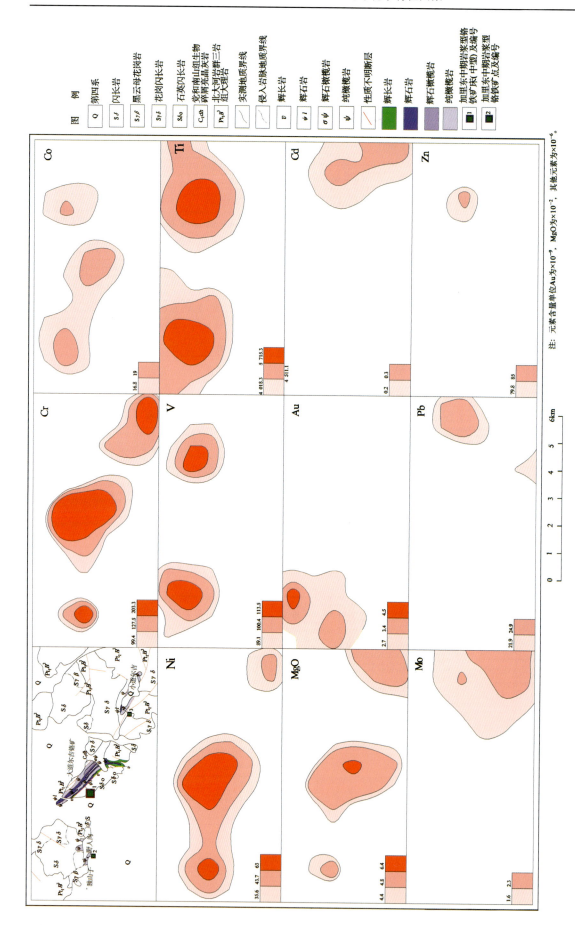

图 9.2 甘肃省大道尔吉铬铁矿区域地球化学异常剖析图

表 9.3 新疆维吾尔自治区塔什库尔干县赞坎铁矿主要地质、地球化学特征

序号	分类	分项名称	分项描述								
1	基本信息	矿床名称	新疆维吾尔自治区塔什库尔干县赞坎铁矿								
2		行政隶属	新疆维吾尔自治区塔什库尔干县赞坎								
3		经度	75°37′00″								
4		纬度	37°14′00″								
5	地质特征	大地构造位置	位于喀喇昆仑构造带塔什库尔干陆块中								
6		成矿区(带)	Ⅲ-27-①西昆仑北部(地块及裂谷带)铁、铜、铅、锌、钼、硫铁矿、水晶、白云母、玉石、石棉成矿带(Pt,Pz_2)								
7		成矿系列	与古元古代变质岩有关的铁多金属成矿系列								
8		矿床类型	沉积变质型铁矿床								
9		赋矿地层(建造)	古元古代布伦阔勒群中深变质岩系,岩性有石英片岩、黑云母石英片岩、片麻岩夹大理岩、绿帘石矽卡岩								
10		矿区岩浆岩	霏细岩、斜长花岗斑岩、符山石角闪岩脉、闪长岩脉								
11		主要控矿构造	北西向断裂								
12		成矿时代	古元古代								
13		矿体形态产状	矿体呈透镜状、似层状分布(倾向43°,倾角25°)								
14		矿石工业类型	磁铁矿矿石								
15		矿石矿物	磁铁矿、磁赤铁矿、赤铁矿、黄铁矿、褐铁矿等								
16		围岩蚀变	大理岩化、阳起石化、绿泥石化、绢云母化等								
17		矿床规模	$21\ 783×10^4$ t(矿床平均品位 TFe 43.02%,mFe 39.91%)								
18		剥蚀程度	中—浅剥蚀								
19	所属区域地球化学异常特征	成矿元素组合	成矿元素:Fe;伴生元素:Mn、V、Ti、P、Ni、Co、Mg								
20		地球化学景观	干旱起伏高山区								
21		元素(氧化物)	面积(km^2)	最大值	平均值	异常下限	标准差	富集系数	变异系数	成矿有利度	分带特征
22		Fe_2O_3	27.23	10.17	10.17	5.36	0	2.517	0	0.00	内、中、外带
23		MgO	45.09	4.96	4.515	3.2	0.629	2.1	0.139	0.89	内、中、外带
24		Co	57.33	22.2	19.7	13.91	3.536	1.759	0.179	5.01	内、中、外带
25		Ni	26.28	37.4	37.4	28.1	0	1.468	0	0.00	中、外带
26		V	14.04	162	162	92.2	0	2.438	0	0.00	内、中、外带
27		W	12.97	7.4	7.4	3.25	0	4.933	0	0.00	内、中、外带
28		Sn	93.87	4.7	4.225	3.26	0.369	2.178	0.087	0.48	内、中、外带
29		Mo	64.41	3.4	3.2	1.39	0.2	3.721	0.062	0.46	内、中、外带
其他		成矿率(V)	无								

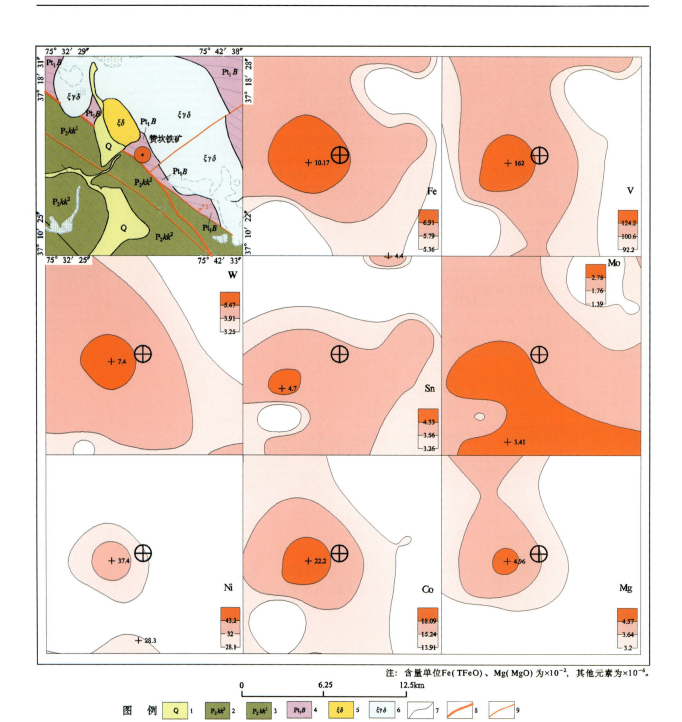

图 9.3 新疆维吾尔自治区塔什库尔干县赞坎铁矿区域地球化学异常剖析图

1.第四系;2.中二叠统下石盒子阶空喀山口组上段;3.中二叠统下石盒子阶空喀山口组下段;4.古元古界布伦阔勒群;
5.正长岩;6.正长花岗岩;7.地质界线;8.区域性断裂;9.一般断裂

参考文献

陈超,吕新彪,吴春明.新疆库米什地区忠宝钨矿矿床地质特征及成因研究[J].矿物岩石地球化学通报,2013,32(4):445-455.

陈华勇,陈衍景,倪培,等.南天山萨瓦亚尔顿金矿流体包裹体研究:矿床成因和勘探意义[J].矿物岩石,2002,24(3):46-54.

陈雷,闫臻,王宗起,等.南秦岭山阳-柞水矿集区大西沟-银硐子铁-银-铅锌-铜矿床磁铁矿地球化学特征:对矿床成因的约束[J].矿物岩石,2016,36(4):38-49.

陈远荣,邵世才,徐庆鸿,等.马鞍桥金矿的有机烃气结合原生晕测量找矿预测[J].物探与化探,2003,27(6):465-468.

代文军,陈耀宇,马小云.甘肃大水金矿床方解石的稀土元素地球化学特征[J].黄金,2011,2(32):24-29.

丁建华,邢树文,肖克炎,等.东天山-北山 Cu-Ni-Au-Pb-Zn 成矿带主要成矿地质特征及潜力分析[J].地质学报,2016,90(7):1392-1412.

杜恩社,陈静,等.西南天山萨瓦亚尔顿金矿地质特征及矿床成因[J].资源环境与工程,2006,20(5):505-508.

高菊生.陕西蔡凹锑矿控矿因素富集规律及找矿方向探讨[J].陕西地质,1998,16(1):72-78.

高兆奎,陈守宇,韩要权.甘肃省白银矿田火山岩型铜多金属矿床找矿方向探讨[J].甘肃地质,2009,18(3):1-5.

胡剑辉,孙星红.可可塔勒铅锌矿床地球化学异常模式研究[J].矿产与地质,1994,(5):355-362.

黄增保,郑建平,李葆华.南祁连大道尔吉早古生代弧后盆地型蛇绿岩的年代学、地球化学特征及意义[J].大地构造与成矿学,2016,40(4):826-838.

黄转莹,路润安.陕西省凤县铅硐山大型铅锌矿床原生异常分带及分带指数[J].地质与勘探,2003,39(3):39-44.

焦建刚,黄喜峰,袁海潮.青海德尔尼铜(钴)矿床研究新进展[J].地球科学与环境学报,2009,31(1):42-47.

黎世美,瞿伦全,苏振邦,等.小秦岭金矿地质和成矿预测[M].北京:地质出版社,1996.

李大新,丰成友,周安顺,等.东昆仑祁漫塔格西段白干湖超大型钨锡矿田地质特征及其矿化交代岩分类[J].矿床地质,2013,32(1):37-54.

李东生,张占玉,苏生顺,等.青海卡尔却卡铜钼矿床地质特征及成因探讨[J].西北地质,2010,43(4):239-244.

李凤鸣,王宗社,侯文斌.东天山小热泉子铜矿床综合找矿模型的建立[J].新疆地质,2002,20(1):38-43.

李洪英,杨磊,柯昌辉,等.东秦岭金堆城钼矿床辉绿岩地球化学特征及其地质意义[J].矿床地质,2016,35(5):1099-1114.

李惠,郑涛,汤磊,等.陕西双王金矿床的原生叠加晕模式[J].桂林工学院学报,2000,20(10):327-333.

李瑞生.陕西周至马鞍桥金矿地质特征及成因分析[J].岩石学报,1997,15(2):31-38.

李通国.九源一定金矿床地球化学特征及异常模式研究[J].西北地质,1996,17(1):24-31.

李新生,罗卫东.中国首例穆龙套型金矿——新疆萨瓦亚尔顿金矿地质特征[J].甘肃地质学报,1997,6

(1):62-66.

李智泉,张连昌,薛春纪.西昆仑赞坎铁矿地质和地球化学特征及矿床类型探讨[J].地质科学,2015,50(1):100-117.

林森,张自森,智超.甘肃小柳沟钨钼多金属矿田构造叠加晕浅析及找矿预测[J].地质与勘探,2016,52(5):874-884.

刘国仁,董连慧,薛春纪.新疆玉勒肯哈腊苏铜矿床地质特征及找矿方向[J].新疆地质,2010,28(4):377-384.

刘淑文,李荣西,刘云华,等.陕西南郑马元铅锌矿床热液白云石地球化学[J].大地构造与成矿学,2015,39(6):1083-1093.

刘永丰,李才一.陕西略阳东沟坝黄铁矿型金银多金属矿床成矿物理化学条件研究[J].矿物岩石,1991(2):55-64.

刘增仁,漆树基,田培仁.新疆乌拉根铅锌成矿带地质特征与找矿靶区优选[J].矿产勘查,2014,5(5):689-698.

路魏魏,姜晓,韩照举,等.东天山白山钼矿找矿方法及综合信息找矿模型[J].新疆地质,2014,32(2):271-277.

齐文,侯满堂.陕西铜矿床类型及找矿方向[J].西北地质,2005,38(3):29-39.

陕西地矿局三队,武汉地质学院北京研究生院,陕西省地矿局西安测试中心.陕西双王金矿床地质特征及其成因[M].西安:陕西科学出版社,1993.

陕西省地方志编纂委员会.陕西省志·地质矿产志[M].西安:陕西人民出版社,1993.

石准立,刘瑾璇,金勤海.陕西双王-二台子含金角砾岩型金矿地质特征及成矿机制研究[R].北京:中国地质大学,1990.

宋小文,侯满堂,陈如意.陕西省成矿区(带)的划分[J].西北地质,2004,37(3):29-42.

汤中立,闫海卿,焦建刚.中国小岩体镍铜(铂族)矿床的区域成矿规律[J].地学前缘,2007,14(5):92-103.

唐功建,王强,赵振华,等.西准噶尔包古图成矿斑岩年代学与地球化学:岩石成因与构造、铜金成矿意义[J].地球科学,2009,34(1):56-74.

王飞,朱赖民,郭波,等.西秦岭温泉钼矿床地质-地球化学特征与成矿过程探讨[J].地质与勘探,2012,48(4):713-727.

王龙生,李华芹,刘德权,等.新疆哈密维权银(铜)矿地质特征和成矿时代[J].矿床地质,2005,24(3):280-284.

王瑞廷,韩俊民,毛景文,等.八卦庙超大型金矿床的铂族元素地球化学特征[J].矿床地质,2006,25(s1):103-106.

王秀峰.甘肃礼县李坝金矿床地质特征及构造形成机理[J].甘肃冶金,2010,32(1):57-62.

王学明,冯建忠,陈远荣,等.陕西马鞍桥金矿物学特征研究[J].矿床地质,2002(21):697-699.

吴晓贵.小秦岭东桐峪金矿床稳定同位素地球化学及成矿物质来源[J].西北地质,2016,49(4):91-98.

谢元清.陕西东沟坝金银矿床地质特征[J].陕西地质,1987,5(1):79-91.

薛春纪,赵战锋,吴淦国,等.中亚构造域多期叠加斑岩铜矿化——以阿尔泰东南缘哈腊苏铜矿床地质、地球化学和成岩成矿时代研究为例[J].地学前缘,2010,17(2):53-82.

杨斌,彭秀红.从Se元素研究大水金矿的成矿机制[J].矿物学报,2013(s2):272-273.

杨富全,吴玉峰,杨俊杰,等.新疆阿尔泰阿舍勒矿集区铜多金属矿床模型[J].大地构造与成矿学,2016,40(4):701-715.

杨军臣,崔彬,李天福.新疆博乐喇嘛苏通矿床地质特征和成因研究[J].地质论评,1998,44(1):23-30.

杨万志,周军,庄道泽,等.新疆西昆仑-阿尔金成矿带区域地球化学勘查进展[J].西北地质,2013,46

(1):110-118.

杨屹,陈宣华,靳红,等.新疆东昆仑黄羊岭锑矿床地质特征及成矿规律[J].新疆地质,2006,24(3):261-266.

于学元,郑作平,牛贺才,等.八卦庙大型金矿床稀土元素地球化学研究[J].地球化学,1996,25(2):140-149.

张恩,周永章,郭健.陕西八卦庙金矿床构造特征及其对成矿的控制[J].矿床地质,2001,20(3):229-233.

张洪瑞,杨天南,侯增谦,等.青海南部东莫扎抓矿区挤压断层带结构及其对铅锌成矿的控制[J].矿床地质,2015,34(2):261-272.

张曾荣,奚小双,何绍勋.甘肃李坝金矿变质岩构造与金成矿的关系[J].大地构造与成矿学,1999,23(1):29-34.

郑明华,刘家军,张寿庭,等.萨瓦亚尔顿金矿床成矿地质特征及同位素组成[J].地质与资源,2002,11(3):140-146.

郑作平,于学远,陈繁荣.八卦庙金矿成矿的某些地球化学制约因素[J].地质地球化学,1996.,24(1):61-66.

钟建华,张国伟.陕西凤县八卦庙特大型金矿的成因研究[J].地质学报,1997,71(2):150-160.

朱德全.青海日龙沟锡多金属矿矿床成因和找矿标志[J].矿床地质,2014(s1):1059-1060.

朱赖民,张国伟,李彝,等.陕西省马鞍桥金矿床地质特征、同位素地球化学与矿床成因[J],岩石学报,2009,25(2):431-443.

祝新友,邓吉牛,王京彬,等.锡铁山铅锌矿床的找矿潜力与找矿方向[J].地质与勘探,2006,42(3):18-23.

祝新友,汪东波,卫冶国,等.甘肃代家庄铅锌矿的地质特征与找矿意义[J].地球学报,2006,27(6):595-602.

庄道泽,王世称,焦学军.土屋、延东铜矿田综合信息预测模型[J].新疆地质,2003,21(3):294-297.

庄道泽,杨万志.化探工作在萨瓦亚尔顿金矿发现中的作用[J].新疆地质,1998,16(1):69-75.